21世纪服装专业系列教材

服装工业制板与推板

主　编　彭立云　徐春景
副主编　王　军　陈　洁
参　编　朴江玉　周忠美

东南大学出版社
·南京·

内容提要

本书是高等职业技术教育服装专业系列教材之一,全书共分 6 章,分别介绍服装工业制板基本知识、国家服装标准基本知识、服装工业推板基本知识、典型款式的制板与推板、服装排料画样基本知识及计算机在服装工业制板中的运用等。书中配以大量实例,有很强的针对性和可操作性。

本书可作为服装高等职业教育教材,也可作为服装中专学校、服装职工、技术人员的技术提高及培训使用教材,对广大服装爱好者也有较好的参考价值。

图书在版编目(CIP)数据

服装工业制板与推板 / 彭立云,徐春景主编. —南京:东南大学出版社,2014.2(2021.3 重印)
ISBN 978-7-5641-4735-8

Ⅰ.①服… Ⅱ.①彭… ②徐… Ⅲ.①服装量裁—制图—高等职业教育—教材 Ⅳ.①TS941.2

中国版本图书馆CIP数据核字(2013)第 320127 号

服装工业制板与推板

出版发行:东南大学出版社
社　　址:南京市四牌楼 2 号　邮编:210096
出 版 人:江建中
责任编辑:史建农
网　　址:http://www.seupress.com
电子邮箱:press@seupress.com
经　　销:全国各地新华书店
印　　刷:江苏兴化印刷有限责任公司
开　　本:787mm×1092mm　1/16
印　　张:12.25
字　　数:310 千字
版　　次:2014 年 2 月第 1 版
印　　次:2021 年 3 月第 4 次印刷
书　　号:ISBN 978-7-5641-4735-8
印　　数:6501—7500 册
定　　价:32.00 元

(本社图书若有印装质量问题,请直接与营销部联系。电话:025-83791830)

21世纪服装专业系列教材编委会

顾　　问　吴静芳　李超德
主　　任　黄向群
副 主 任（按姓氏笔画排序）
　　　　　　李　波　李桂付　张　丹　单文霞　邵献伟
　　　　　　徐　剑　徐春景　倪　红　彭立云　曾　红
　　　　　　潘春宇
秘 书 长　史建农
委　　员（按姓氏笔画排序）
　　　　　　丁学华　于晓燕　马旖旎　马学萍　孔祥玲
　　　　　　王　军　王庆武　王建华　王宏付　毛成栋
　　　　　　史海亮　史有进　田美玲　孙志芹　孙有霞
　　　　　　孙　斌　刘沙予　刘耀先　刘　水　刘冬云
　　　　　　刘　玲　许崇岫　许　可　吕志芹　朱建军
　　　　　　邢　颖　李　君　李臻颖　李志梅　李晓兵
　　　　　　沙　宁　严　磊　张　静　张秋平　张　华
　　　　　　张海晨　张　岷　张昭华　张义芳　初晓玲
　　　　　　吴如山　杜　力　陈　涛　陈　洁　陈义华
　　　　　　陈冬梅　杨小红　施　静　邵燕波　范毓麟
　　　　　　周忠美　赵　宽　姚俊慧　姚月霞　柏　昕
　　　　　　姜淑媛　夏国防　高亦文　高　飞　唐　燕
　　　　　　唐　炜　徐远宏　徐亚平　袁　飞　黄保源
　　　　　　黄丽萍　黄　英　彭光兵　薛翔凌　谭拥军
　　　　　　戴丽萍　戴　丹　魏晓红　瞿　慧

前　言

　　服装是人类生活最基本的需求之一，也是人类文明特有的文化象征。服装文化是一定的社会文化经济发展阶段，是人类物质文明和精神文明水平的反映。它不仅反映出人与自然、社会的关系，而且十分鲜明地折射出一个时代的氛围和人们的精神面貌。现在，服装已不再单纯作为生活必需品而存在，服装功能的外延已经向社会文化和精神领域拓展。同时，服装作为商品，除了有较强的使用价值外，其社会价值、文化价值以及艺术价值越来越突显于人类对服装的基本需求之上。服装作为人类生活不可缺少的一种产品，也成为一种信息载体，体现出一个国家或民族的文化、艺术、经济和科学技术的发展水平。

　　改革开放以来，我国服装业发展迅速，现已成为世界最大的服装加工生产国和出口国。我国国民经济的持续快速增长，人民生活水平的日益提升，拉动了劳动力价格的上涨，使劳动密集型的服装加工业逐渐失去优势，同时客观上使服装制造业由低端生产加工向高端自主品牌转移，服装业由"中国制造"向"中国创造"转变。在这种形势下，调整产品结构、强化自主品牌意识成为中国服装业发展的大趋势。新形势对服装人才培养提出新的要求，中国服装教育必须与世界服装教育接轨。而教育出版物是发展教育的基础条件，是决定教育教学质量高低的关键因素。近几年全国各服装院校积极探索教育教学改革研究，产生了许多新思路、新观念、新理论、新方法和新技巧，切实提高了专业教学的针对性、先进性和前瞻性；提高了人才培养的技术应用性、技术高新性；保证了人才的适用性和相应持续发展性。由此，我们汇集教育部服装教改试点专业、省级品牌、特色专业的教改成果和经验，组织全国十多所服装院校的专业教师共同编写了这套应用型服装系列教材。这套教材既借鉴了国外有益的理论和方法，也弘扬了本民族文化特色；既注重理论的系统性与科学性，更强调实践的应用性和操作性。希望这套教材的出版，能够丰富服装专业的教学内容，在我国服装专业教材建设中起到推动作用。

　　本套教材可作为高等学校、高等职业教育服装专业教学用书，也可作为服装类职业培训用书。

　　热忱欢迎本专业师生和服装行业人士选用，同时，真诚地欢迎专家和读者对本系列教材的不到之处提出宝贵意见。

编委会
2014.1

目 录

1 服装工业制板 ·· (1)
　1.1 服装工业制板概述 ·· (1)
　1.2 服装工业制板的准备 ·· (7)
　1.3 服装工业制板中净板的加放量 ·· (9)
　1.4 服装工业制板中样板的标位 ··· (13)
　1.5 服装工业制板与面料性能 ··· (16)
　1.6 服装工业制板的管理 ··· (18)

2 国家服装标准 ·· (20)
　2.1 服装号型概况 ··· (20)
　2.2 服装号型的内容及应用 ··· (23)

3 服装工业推板 ·· (31)
　3.1 推板的依据 ··· (31)
　3.2 推板的要求及方法 ··· (32)
　3.3 推板常用符号 ··· (36)

4 典型款式的制板与推板 ·· (37)
　4.1 下装的制板与推板 ··· (37)
　4.2 衬衫的制板与推板 ··· (51)
　4.3 茄克衫的制板与推板 ··· (77)
　4.4 男西服的工业制板与推板 ·· (124)
　4.5 西服背心的制板与推板 ·· (137)
　4.6 柴斯特大衣的制板与推板 ·· (144)
　4.7 旗袍的制板与推板 ·· (157)

5 服装排料画样 ··· (165)
　5.1 基本知识 ·· (165)
　5.2 排料画样实例 ·· (174)

6 计算机在服装工业制板中的运用 ··· (179)
　6.1 服装CAD概述 ··· (179)
　6.2 计算机辅助纸样设计 ·· (183)
　6.3 计算机辅助推板 ·· (185)
　6.4 服装CAD技术发展趋势 ··· (186)

参考文献 ··· (189)

1 服装工业制板

服装业的发展与科技进步、经济文化的繁荣以及人们生活方式的变化密切相关,制衣业从往昔量体裁衣式的手工操作发展到大批量的工业化生产,形成了服装的系列化、标准化和商品化。当今时装流行的周期越来越短,这就促使服装业要不断改变现状,向现代化的成衣设计生产发展。

服装的工业裁剪是建立在批量测量人体并加以归纳总结得到的系列数据基础上的裁剪方法。该类型的裁剪最大限度地保持了群体体态的共同性与差异性的对立统一。

服装工业化生产通常都是批量生产,从经济角度考虑,厂家自然希望用最少的规格覆盖最多的人体。但是,规格过少意味着抹杀群体的差异性,因而要设置较多数量的规格,制成规格表。值得指出的是:规格表当中的大部分规格都是归纳过的,是针对群体而设的,并不能很理想地适合单个个体,只能一定程度地符合个体。

在服装生产过程中,每个规格的衣片要靠一套标准样板来作为裁剪的依据。这些成系列的标准样板就是工业裁剪样板。

设计制定服装工业样板必须具备下列知识及技能:

第一,设计制定服装工业样板要有过硬的服装结构设计知识。工业样板的设计实际上是服装结构设计的继续和提高,又是服装结构设计的实际应用。但工业制板又不同于单纯的服装结构设计,工业样板有着其自身的特有要求,它首先要符合成衣的工艺要求,其次还必须要正确设计由净样板转换成毛样板,还要考虑整个流水工艺对服装样板造型的影响。这些要求的难度要远大于单纯的结构图设计。

第二,设计制定服装工业样板必须要懂得与服装相关的专业标准,例如"全国服装统一号型"的相关内容与规定、服装公差规定的具体内容、服装企业内部的技术标准等。

第三,设计制定服装工业样板必须要有一定的画线绘图能力。服装板型的优劣(服装样板设计的平面图形)直接反映在人体穿着服装成品的效果上,线条流利、图形优美的样板成品后造型美观,穿着者感觉舒适。这些都需要制板者在绘制工业样板时要将各种线条,特别是一些弧线条等绘画准确,线形优美。

1.1 服装工业制板概述

1.1.1 服装工业制板基本概念

(1)成衣 成衣是指按一定规格、号型标准批量生产的成品衣服,是相对于量体裁衣式的订做和自制的衣服而出现的一个概念。现在,凡商场、服装商城、服装连锁店、精品店出售的都是成衣。

(2) 样　　样一般是指样衣，就是以实现某款式为目的而制作的样品衣件或包含新内容的成品服装。样衣的制作、修改与确认是批量生产前的必要环节。

(3) 打样　　打样就是缝制样衣的过程，打样又叫封样。

(4) 款式样　　公司接到订单以后，提供图、样板或者参考实样，以便供客人的设计师观察款式效果。打款式样的时候，面料用相似的面料，性能基本一致，做工一致，整个服装看起来与原样相似。

(5) 批办样　　款式样完成以后送到客人手里经过修改，同时对工厂的做工提出相应的变动。根据客人的建议和款式样及样品规格表中具体要求，用正式主辅料制作的样衣为批办样。

(6) 产前样　　是指工厂为保证大货成衣服装的工艺技术质量及生产的顺利进行，在大批量投产前，按正常流水工序先制作一件服装成品（所用的面料必须是正确的大货物料），其目的是检验大货的可操作性，包括工厂设备的合理使用、技术操作水平、布料和辅料的性能和处理方法、制作工艺的难易程度等。

(7) 船样　　工厂生产的客人订货服装必须在出货船运之前，按一定的比例（每色每码）抽取大货样衣称为船样，并且要把此船样寄给客人，等到客人确认产品符合要求后才能装船发货。

(8) 驳样　　是指"拷贝"某服装款式。例如，① 买一件服装，然后以该款为标准进行样板摹仿设计和实际制作出酷似该款的成品；② 从服装书刊上确定某一款服装，然后以该款为标准进行样板摹仿设计和实际制作出酷似该款的成品等。

(9) 板　　板即样板，就是为制作服装而制定的结构平面图，俗称服装样板。广义上是指为制作服装而剪裁好的各种结构设计样板。样板又分为净样板和毛样板，净样板就是不包括缝份儿的样板，毛样板是包括缝份儿、缩水等在内的服装样板。

(10) 母板　　母板是指推板时所用的标准板型，是根据款式要求进行正确的、剪好的结构设计纸板，并已使用该样板进行了实际的放缩板，产生了系列样板。所有的推板规格都要以母板为标准进行规范放缩。一般来讲，不进行推板的标准样板不能叫做母板，只能叫标准样板，但习惯上人们常将母板和标准样板的概念合二为一。

(11) 标准板　　标准板是指在实际生产中使用的、正确的结构样板，它一般是作为母板使用的，所以习惯中有时也称标准板为母板。

(12) 服装推板　　现代服装工业化大生产要求同一种款式的服装要有多种规格，以满足不同体型消费者的需求，这就要求服装企业要按照国家或国际技术标准制定产品的规格系列，全套地或部分地裁剪样板。这种以标准母板为基准，兼顾各个号型，进行科学的计算、缩放、制定出系列号型样板的方法叫做规格系列推板，即服装推板，简称推板或服装放码，又称服装样板放缩。

（在制定工业标准样板与推板时，规格设计中的数值分配一定要合理，要符合专业要求和标准，否则无法制定出合理的样板，也同样无法推出合理的板型。）

(13) 整体推板　　整体推板又称规则推板，是指将结构内容全部进行缩放，也就是每个部位都要随着号型的变化而缩放。例如，一条裤子整体推板时，所有围度、长度、口袋以及省道等都要进行相应的推板。本书所讲的推板主要指整体推板。

(14) 局部推板　　局部推板又称不规则推板，它是相对于整体推板而言的，是指某一款式在推板时只推某个或几个部位，而不进行全方位缩放的一种方法。例如，女式牛仔裤推板时,同一款式的腰围、臀围、腿围相同而只有长度不同,那么该款式就是进行了局部推板。

(15)制板　制板即服装结构样板设计,为制作服装而制定的各种结构样板,它包括样板设计、标准板的绘制和系列推板设计等。

1.1.2　服装工业样板的分类

服装工业样板在整个生产过程中都要使用,只不过使用的样板种类不同,图1-1是工业样板的分类。

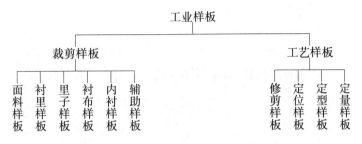

图1-1　服装工业样板的分类

一套规格从小到大的系列化工业样板应在保证款式结构的原则下,结合面料特性、裁剪、缝制、整烫等工艺条件,做到既科学又标准。从图1-1中知道,服装工业样板分成裁剪样板和工艺样板。

1) 裁剪样板

成衣生产中裁剪用的样板主要是确保批量生产中同一规格的裁片大小一致,使得该规格所有的服装在整理结束后各部位的尺寸和规格表上的相同(允许有符合标准的公差),相互之间的款型一样。

(1)面料样板　面料样板通常是指衣身的样板,多数情况下有前片(含分割各片)、后片(含分割各片)、袖子(含分割各片)、领子(含分割各片)、过面(含分割各片)和其他小部件样板,如袖头(克夫)、袋盖、袋垫布等。这些样板要求结构准确,样板上标识正确清晰,如布纹方向、倒顺毛方向等。面料样板一般是加有缝份或折边等的毛板样板。

(2)衬里样板　衬里样板与面料样板一样大,在车缝或敷衬前,把它直接放在大身下面,用于遮住有网眼的面料,以防透过薄面料可看见里面的结构,如省道和缝份。通常面料与衬里一起缝合。衬里常使用薄的里子面料,衬里样板为毛板样板。

(3)里子样板　里子样板很少有分割的,一般有前片、后片、袖子和片数不多的小部件,如里袋布等。里子的缝份比面料样板的缝份大0.5～1.5 cm,在有折边的部位(下摆和袖口等),里子的长短比衣身样板少一个折边宽。因此,就某片里子样板而言,多数部位边是毛板,少数部位边是净板。如果里子上还缝有内衬,里子的样板比没有内衬的里子样板要大些。

(4)衬布样板　衬布有有纺或无纺、可缝或可粘之分。根据不同的面料、不同的使用部位、不同的作用效果,有选择地使用衬布。衬布样板有时使用毛板,有时又使用净板。

(5)内衬样板　内衬介于大身与里子之间,主要起到保暖的作用。毛织物、絮料、起绒布、法兰绒等常用作内衬,由于它通常绗缝在里子上,所以内衬样板比里子样板稍大些,前片内衬样板由前片里子和过面两部分组成。

(6)辅助样板　这种样板比较少,它只是起到辅助裁剪的作用,如:在茄克中经常要使用橡筋,由于它的宽度已定,松紧长度则需要计算,根据计算的长度,绘制一样板作为橡筋的长度即可。辅助样板多数使用毛板。

2) 工艺样板

工艺样板主要用于缝制加工过程和后整理环节中。通过它可以使服装加工顺利进行,保证产品规格一致,提高产品质量。

(1) 修剪样板　修剪样板主要用于校正裁片。如:在缝制西服之前,裁片经过高温加压粘衬后,会发生热缩等变形现象,导致左、右两片的不对称,这就需要用标准的样板修剪裁片。修剪样板保持与裁剪样板的形状一样。

(2) 定位样板　定位样板有净样板和毛样板之分,主要用于半成品中某些部件的定位。如:衬衫上胸袋和扣眼等的位置确定。在多数情况下,定位样板和修剪样板两者合用;而锁眼钉扣是在后整理中进行的,所以扣眼定位样板只能使用净样板,如图1-2所示。

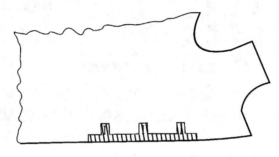

图1-2　定位样板示意图

(3) 定型样板　定型样板一般采用不加放缝头的净样板,它属于净样模板,常见于领子、驳头、口袋、袖头等小部件,对外型有严格控制的一种工艺模板。根据不同的使用方法,定型样板又可分为画线模板、缉线模板、扣边模板等。

画线模板常用于画某部件翻边所用的准确位置线,如图1-3所示。缉线模板即直接覆于翻边部位、部件的几层之上,在机台上用手压紧,然后沿模板边外侧缉线。扣边模板是用于某些部件止口只需单缉明线而不缉暗线,如贴袋等。使用时将扣边模板放置于布块的反面,周围留出所需的缝份,然后用熨斗将缝份折向净板,使止口边烫倒,这样就使得裁片最后保持了与净样板的一致性,如图1-4所示。

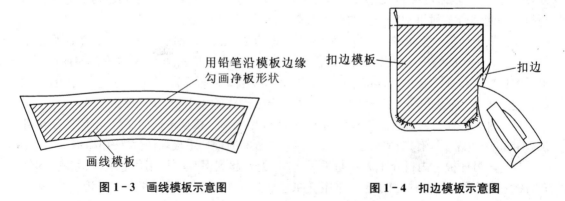

图1-3　画线模板示意图　　　　图1-4　扣边模板示意图

(4)定量样板 定量样板主要用于掌握、衡量一些较长部位宽度、距离的小型模具,常用于折边部位,如各种上衣的底摆边、袖口折边、裤脚口折边、女裙底摆边等,如图1-5所示。

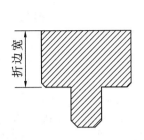
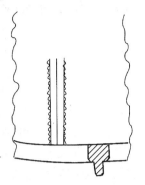

图1-5 定量板示意图

1.1.3 服装工业制板的流程

从狭义上说,服装工业制板或工业纸样是依据规格尺寸绘制基本的中间标准纸样(或最大、最小的标准纸样),并以此为基础按比例放缩推导出其他规格的纸样。按照成衣工业生产的方式,服装工业制板的方式和流程可以分成三种:客户提供样品和订单;客户只提供订单和款式图而没有样品;只有样品而没有其他任何参考资料。另外,把设计师提供的服装设计效果图、正面和背面的纸样结构图以及该服装的补充资料经过处理和归纳后,也认定为流程中的第二种情况。下面分别说明。

1) 既有样品(Sample)又有订单(Order)

这种方式是大多数服装生产企业,尤其是外贸加工企业经常遇到的,由于它比较规范,所以供销部门、技术部门、生产部门以及质量检验部门都乐于接受。而对于绘制工业纸样的技术部门,必须按照以下流程实施:

(1)分析订单 包括面料分析:缩水率、热缩率、倒顺毛、对格对条等;规格尺寸分析:具体测量的部位和方法,小部件的尺寸确定等;工艺分析:裁剪工艺、缝制工艺、整烫工艺、锁眼钉扣工艺等;款式图分析:在订单上有生产该服装的结构图,通过分析大致了解服装的构成;包装装箱分析:单色单码(一箱中的服装不仅是同一种颜色而且是同一种规格)、单色混码(同一颜色不同规格装箱)、混色混码(不同颜色不同规格装箱)、平面包装、立体包装等。

(2)分析样品 从样品中了解服装的结构、制作工艺、分割线的位置、小部件的组合、测量尺寸的大小和方法等。

(3)确定中间标准规格 针对这一规格进行各部位尺寸分析,了解它们之间的相互关系,有的尺寸还要细分,从中发现规律。

(4)确定制板方案 根据款式的特点和订单要求,确定是用比例法还是用原型法或其他的裁剪方法等。

(5)绘制中间规格的纸样 这种纸样有时又称为封样纸样,客户或设计人员要对按照这份纸样缝制成的服装进行检验并提出修改意见,确保在投产前产品合格。

(6)封样品的裁剪、缝制和后整理 这一过程要严格按照纸样的大小、纸样的说明和工艺要求进行操作。

(7) 依据封样意见共同分析和会诊　从中找出产生问题的原因,进而修改中间规格的纸样,最后确定投产用的中间标准号型纸样。

(8) 推板　根据中间标准号型(或最大、最小号型)纸样推导出其他规格的服装工业用纸样。

(9) 检查全套纸样是否齐全　在裁剪车间,一个品种的批量裁剪铺料少则几十层、多则上百层,而且面料可能还存在色差。如果缺少某些裁片就开裁面料,待裁剪结束后,再找同样颜色的面料来补裁就比较困难(因为同色而不同匹的面料往往有色差),既浪费了人力、物力,效果也不好。

(10) 制定工艺说明书和绘制一定比例的排料图　服装工艺说明书是缝制应遵循和注意的必备资料,是保证生产顺利进行的必要条件,也是质量检验的标准。而排料图是裁剪车间画样、排料的技术依据,它可以控制面料的耗量,对节约面料、降低成本起着积极的指导作用。

以上十个步骤全面概括了服装工业制板的全过程,这仅是广义上的服装工业制板的含义,只有不断地实践,丰富知识,积累经验,才能真正掌握其内涵。

2) 只有订单和款式图或只有服装效果图和结构图但没有样品

这种情况增加了服装工业制板的难度,一般常见于比较简单的典型款式,如衬衫、裙子、裤子等。要绘制出合格的纸样,头脑中不但需要积累大量的类似服装的款式和结构组成的素材,而且还应有丰富的制板经验。主要的流程有:

(1) 详细分析订单　这包括订单上的简单工艺说明、面料的使用及特性、各部位的测量方法及尺寸大小、尺寸之间的相互配合等等。

(2) 详细分析订单上的款式或示意图(Sketch)　从示意图上了解服装款式的大致结构,结合自己以前遇到的类似款式进行比较,对于有些不合理的结构,按照常规在绘制纸样时作适当的调整和修改。

其余各步骤基本与第一种情况的流程(3)(含流程(3))以下一致。只是对步骤(7)要深刻了解,不明之处多向客户咨询,不断修改,最终达成共识。总之,绝对不能在有疑问的情况下就匆忙投产。

3) 仅有样品而无其他任何资料

这种方式多发生在内销的产品中。由于目前服装市场的特点是品种多、批量小、周期短、风险高,于是有少数小型服装企业采取不正当的生产经营方式。当一些款式新、销路好的服装刚一上市,这些经营者就立即购买一件该款服装,作为样品进行仿制,转天就投放市场,而且销售价格大大低于正品服装。对于这种不正当竞争行为虽不提倡,但还是要了解它的特点,主要流程有:

(1) 详细分析样品的结构　分析分割线的位置、小部件的组成、各种里子和材料的分布、袖子和领子与前后片的配合、锁眼及钉扣的位置确定等等,关键部位的尺寸测量和分析、各小部件位置的确定和尺寸处理、各缝口的工艺加工方法、熨烫及包装的方法等。最后,制订合理的订单。

(2) 面料分析　这里是指大身面料的成分、花型、组织结构等,各部位使用衬(Interfacing)的规格,根据大身面料和穿着的季节选用合适的里子(Lining),针对特殊的要求(如透明的面料)需加与之匹配的衬里(Underlining)。有些保暖服装(如滑雪服)需加保暖的内衬(Interlining)等材料。

(3) 辅料分析　包括拉链的规格和用处,扣子、铆钉、吊牌等的合理选用,橡筋的弹性、宽窄、长短及使用的部位、缝纫线的规格等等。

其余各步骤与第一种方式的流程(3)(含流程(3))以下一样,进行裁剪、仿制(俗称"扒板")。对于比较宽松的服装,可以做到与样品一致;对于合体的服装,可以通过多次修改纸样,多次试制样衣,几次反复就能够做到;而对于使用特殊的裁剪方法(如:立体裁剪法)缝制的服装,要做到与样品形似神似,一般的裁剪方法就很难实现。

1.2　服装工业制板的准备

1.2.1　技术文件的准备

1) 服装封样单

服装封样单是针对具体服装款式制作的详细书面工艺要求,服装封样单中的尺寸表内容也是制板的直接依据。服装封样单主要内容包括:尺寸表(具体尺寸要求)、相关日期、制单者、款式设计者、制板者、产品名、款式略图、缝制要求、面料小样、工艺说明、用布量等。

2) 服装制造通知单

服装制造通知单又称制造通知书,它是针对为生产某服装款式的一种书面形式要求。它具有订货单的技术要求功能和服装生产指导作用。服装制造通知单有国内的也有国外的,但无论哪种都是根据制造服装的要求而拟订的,其内容主要包括:品牌、单位、数量、尺寸要求、合同编号、工艺要求、面辅料要求、制作说明、交货日期、制表人员、制表日期、包装要求等。

3) 测试布料水洗缩率

服装因各自选用面料的不同,缩量的差异很大,对成品规格将产生重大影响,因此在绘制裁剪纸样和工艺纸样时必须考虑缩量,通常的缩量是指缩水率和热缩率。

1.2.2　技术准备

1) 了解产品技术标准的重要性

了解产品技术标准也是制板的重要技术依据,如产品的号型、公差规定、纱向规定、拼接规定等。这些技术标准的规定和要求均不同程度地要反映在样板上,因此在制板前必须熟知并掌握有关技术标准中的相关技术规定。

2) 熟悉服装规格公差

服装规格公差是指某一款式同一部位相邻规格之差。《服装号型》国家标准对服装各部位规格公差都有说明。但是,服装规格公差并不是固定不变的,应根据实际情况分别处理,确保推板过程顺利进行。

3) 了解产品工艺要求

产品工艺与制板有着直接的关系,这是因为在具体的生产过程中,不同的工艺或使用不同的生产设备等都对板的数据有着不同的要求。如样板放缝份儿的量直接受具体工艺的影响,工艺有撬边、卷边、露边等,生产设备有平车、双针机、多线拷边机、多功能特种机,还有洗水工序等,这些内容技术人员都是应该了解的。

4) 了解主辅料的性能

在制板前需要了解主辅料的性能特点,如材料的成分、质地、缩水、耐温等情况,这样在制板时可以作出相应的调整。

5) 分析效果图、服装图片或服装实物样品

在制板前需充分分析效果图、服装图片或服装实物样品,了解服装款式的大致结构,分析分割线的位置、小部件的组成、袖子和领子与前后片的配合等等。

1.2.3 工具准备

在服装工业制板中,虽然没有对制板工具作严格的规定,但制板人员必须有熟练掌握使用工具的能力,常用的工具有剪刀、打板纸、尺、笔及辅助工具。

1) 剪刀

对于服装制板人员首先拥有的工具就是缝纫专用剪刀,常用的规格有 25.4 cm(10 英寸)、28 cm(11 英寸)和 30.5 cm(12 英寸)三种,其他种类的剪刀根据各人的习惯、爱好可灵活运用。

2) 打板纸

由于工业化生产的特点,打板纸使用的纸张一般都是专用纸板。因为在裁剪和后整理时,纸样的使用频率较高,而且有些纸样需要在半成品中使用,如:口袋净样板用于扣烫口袋裁片。另外,纸样的保存时间较长,以后有可能还要继续使用,所以纸样的保形很重要,制板用纸必须有一定的厚度,有较强的韧性、耐磨性、防缩水性和防热缩性。常用的样板纸,软样板用 120~130 g 的牛皮纸,硬样板用 250 g 左右的裱卡纸及 600 g 左右的黄板纸。工艺样板由于使用频繁且兼作胎具、模具,更要求耐磨、结实,要用坚韧的纸板或白铁皮制成。而在服装 CAD 中,纸样以文件方式保存在计算机中,存取非常方便,对纸张要求没有上面要求的那么高。

3) 尺

制板用尺有多种,常用的有直尺、三角尺、软尺和曲线尺。直尺的长度通常有 30 cm、60 cm、100 cm 和 120 cm 四种。三角尺使用 45°和 30°两种角度的直角三角板,长度为 25~30 cm。这些尺以有机玻璃的尺子为佳。软尺有厘米、市寸、英寸之分,工业制板中使用一面是厘米制另一面是英寸制的软尺。另外,选择有防止热胀冷缩特性的软尺。曲线尺的种类很多,这里只介绍一种人们称为"蛇"尺,内芯是扁形的金属条,这种尺最大的特点是可以任意弯曲成各种曲线而且韧性较大,不仅可量取曲线的弧长,还能沿已弯曲的曲线形状绘制该曲线,它的长度有多种,以 60 cm 为好。对于曲线尺,在制板中不推荐使用,因为它对曲线的造型并不能很好地控制。建议用直线尺来拟合曲线,它可以使曲线光滑并富有弹性,对于初学者一定要加强这方面的训练,从而打下扎实的基本功。

4) 笔

制板中可使用的笔很多,常用的有铅笔、蜡笔、碳素笔或圆珠笔,初学者及绘制基本纸样时,较多地使用铅笔;蜡笔则主要用于裁片的编号和定位,如:把纸样上的袋位复制在裁片上;碳素笔或圆珠笔多用于绘制裁剪线和推板。

5) 辅助工具

在工业制板中,使用较多的辅助工具有针管笔、花齿剪、对位剪(剪口剪)。描线器(滚轮器)、锥子、订书机、透明胶带、大头针、冲机或凿子(标准打孔 Φ3~6 mm 及串板打孔的 Φ10~15 mm 皮带冲机)、砂布、砂纸(修板边)、橡皮章、工作台和人台等等。

1.3 服装工业制板中净板的加放量

打制裁剪样板的一般方法与程序是:先依照结构图净样轮廓,将其逐片拓绘在样板用纸上,再各按净样线条在周边加放出缝头、折边等所需宽度,再连画成毛样轮廓线,然后在口袋、省道及其他应标位处剪口、钻孔。打制样板的关键是掌握由净样到毛样的周边加放量,加放量包含着多种不相同的因素,必须全面准确掌握。

按照结构净样打制的裁剪毛样板,需根据产品的不同构成、要求及衣料特点等确定其各部位的加放量。

1.3.1 缝头

各衣片相互缝合所需的加放宽度也称做缝、缝份。不同的缝合形式要求不同的缝子或缝边,常见的缝子、缝边及其加放量有如下几种:

(1) 分缝 俗称劈缝,即缝合后的两缝边分开烫平的形式,如图1-6所示。缝头一般为1~1.5cm宽,用于上衣或大衣的摆缝、肩缝、竖断缝、袖缝和裤子的侧缝、下裆缝、后缝或者裙子侧缝、竖拼缝等。

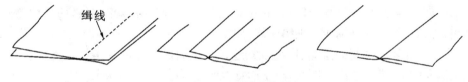

图1-6 分缝示意图

(2) 坐倒缝 缝合后的缝子向一侧倾倒。倒缝的形式较多,这里指最简单的勾暗线坐倒的形式,如图1-7所示,缝头宽1cm,用于单服上衣构缝,缝头用包缝机锁边,夹服的衣里缝子一般用倒缝。

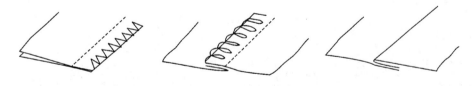

图1-7 坐倒缝示意图

(3) 坐缉缝 倒缝上在有缝头的一侧缉明线。由于款式设计要求的明线宽度不等,故加放缝头也有区别。倒缝的上层缝头窄于明线宽度,以减少缝子的厚度,而倒缝的下层缝头,应宽于明线宽0.4cm左右,以使明线缉住而固定倒缝,如图1-8所示。如明线宽为0.7cm,前衣片留缝头0.5cm,则后衣片需1.1cm的缝头;较厚料大衣的摆缝、肩缝的明线宽2cm,即后片留0.7cm、前片留2.4cm的缝头;对于较薄衣料,倒缝的明线较窄,可两侧片留缝头相同宽为1cm。

(4) 来去缝 亦称反正缝或明缉暗缝。两衣片先反面相对,在正面缉线约0.4cm宽,再翻过去把缝子反面折成光边包住缝头毛茬缉暗线约1cm宽,使缝子呈扁筒形,而后坐倒烫

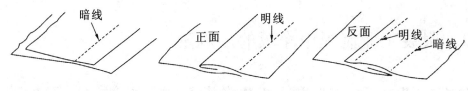

图1-8 坐缉缝示意图

平,正面亦成一般倒缝形式,如图1-9所示。两侧缝头各加放1.5 cm。此缝内外无毛茬但较厚,多用于女装单上衣类的摆缝、肩缝、袖缝等处。但包缝机广泛用于缝制工艺后,一般采用倒缝,既省工、省料,缝子又平薄,故此缝已极少用。

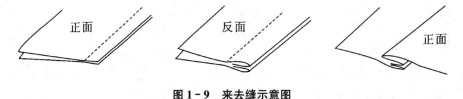

图1-9 来去缝示意图

(5) 包缝 缝头一宽一窄,合缝时先以宽边裹住窄边,并沿宽边毛茬缉线,再将裹光的缝边坐倒,贴近光边边缘缉明线,成为内外皆光的倒缝形式,故适用于单衣构缝。

包缝有两种做法:一是暗包明缉的内包缝,多用于男制服类单上衣的摆缝、肩缝及袖缝。在衣身的反面,前衣片包后衣片缉暗线,正面则后片倒压前片并缉单明线,两条袖缝则是反面小袖包大袖,正面为大袖倒压小袖缉明线,如图1-10所示。另一种做法是明包明缉的外包缝,多用于单茄克衫之类的摆缝、肩缝及袖缝。在正面后片包前片缉线正面成宽明线,并随包边坐倒向前身,沿外边缉窄明线,故正面见双明线,如图1-11所示。

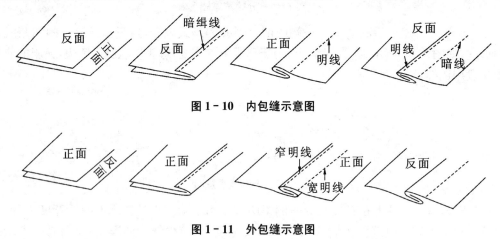

图1-10 内包缝示意图

图1-11 外包缝示意图

包缝也是内外无毛茬并且较坚固,但也显厚,因而已由包缝机锁边的明线倒缝的形式取而代之。

(6) 平绱缝 在服装构成的缝制工艺中,一般以小片、小部件与主体构合者称为"绱",如绱袖子、绱裙腰等。这里是指两者以平齐边缝合的平绱,如绱袖头、绱裤腰、绱裙腰、绱里襟、绱过肩、茄克衫绱底腰等。平绱缝的缝头一般为1 cm。

此外,绱袋盖虽非一般缝子,但也属平绱,其绱袋盖的缝头也是1 cm,明贴袋式,绱袋盖缝头应窄于明线宽度以减少厚度，口袋边缘扣压的缝头，则应按明线宽度另加0.4 cm。如明袋的暗线勾绱，以0.7～0.8 cm的缝头为宜。

（7）压缉缝　一侧折光边搭压于另一边的缝子。如有些上衣的横断缝，除了可用勾暗线平绱的倒缝形式外，亦可采用前、后过肩的直边先折光，再搭于衣身缉明线合拢。此缝的缝头需按明线宽度确定，缉窄明线衣身缝头宽1 cm，如图1-12①所示。缉宽明线，衣身缝头再稍宽，如图1-12②所示。缉双明线者，缝头宽于宽明线，如图1-12③所示。

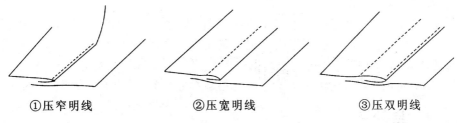

①压窄明线　　②压宽明线　　③压双明线

图1-12　压缉缝示意图

（8）毛搭缝　毛搭缝是一侧毛边搭压于另一侧毛边缉拢的缝子，多用于内结构的衣身衬布拼接的毛茬搭接。其缝头要求不严格，一般互搭0.8 cm即可，如图1-13所示。

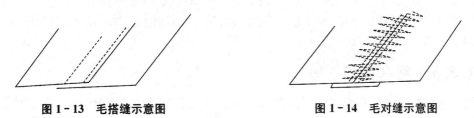

图1-13　毛搭缝示意图　　　　　图1-14　毛对缝示意图

（9）毛对缝　毛对缝是两毛边平齐对拢、下垫薄布条缉合的缝，主要用于较厚衬布的收省缝和拼接，不另加缝头，如图1-14所示。

1.3.2　放头

在传统服装裁剪工艺中，根据人体发展变化较多的部位，在衣片上除加缝头之外，再加些余量，以备放大之用。留放头的部位及留量大小，以服装档次的高低而有所区别。高档服装留放头的部位较多，如上衣有背缝、摆缝、肩缝、肩缝、袖缝；裤子有侧缝、下裆缝及后缝；裙子有侧缝、前后缝等部位。中档产品酌减，低档产品不留放头。留放头的方式有两种：一是对称缝子留双层；二是一般缝子留单片。

现代服装因款式流行的时间短变化快，一般产品不留或少留放头。常见的只有裤子的后缝，由臀围向上逐渐加宽至腰缝处，加放1～1.5 cm，连缝头共加放出约2～2.5 cm。此外，上衣或大衣的底边、袖口及裤口或裙摆的折边适当加宽一些，也有留放头的意义，只是不称作加放头。

1.3.3　折边

（1）底摆　一般男、女上衣的底摆折边宽为3～3.5 cm；毛呢类上衣为4 cm；衬衣类较窄，在2～2.5 cm之间；一般大衣类以5 cm为宜，但内挂毛皮的皮大衣，需加宽至6～7 cm。

（2）袖口　袖口折边宽度一般与底摆相同。但大衣、皮大衣的底摆折边较宽，袖口折边可稍窄；对于连卷袖口，其折边应按卷袖宽加倍，再另加窄于卷袖宽的内折边即可，如卷袖宽为 2.5 cm,内折边宽 1.8 cm,则折边总宽应为:2.5×2+1.8=6.8(cm)。

(3) 裤口　一般平脚裤口折边为 4 cm,高档产品可加至 5 cm;卷脚裤口的折边宽度计算方法与外卷袖口类同。例如:一般卷脚为 4 cm,内折边为 3～3.5 cm,则折边总宽为 4×2+3～3.5=11～11.5(cm)。

(4) 裙摆　一般裙摆折边在 3.5 cm 左右,高档产品、连衣裙裙摆可稍加宽。

(5) 开口、开衩　服装的开口一般都有纽扣、拉链、钩襻等,若用拉链折边一般为 1.5 cm 左右;用纽扣则必须宽于横开或竖开扣眼尺寸。

开衩不加启闭装置,开衩多连于衣缝,形式多样,既有搭叠式,亦有对襟式,还有裂口、褶裥式等。一般开衩折边与衣摆、裙摆的折边等宽或略宽;西装袖口开衩多为假开衩式,其折边宽一般为 1.7 cm。

对于具体产品的开口、开衩形式及其连折边宽度,都是以该产品技术标准的有关规定为准。

1.3.4　里外容

一是俗称"吐止口"、"吐眼皮",即两层或多层勾合并翻净的缝边,必须是表层边缘吐出少许(底层缩进少许),如上衣、大衣门襟的止口。二是指两层或多层勾合的部位(特别是小部位、小部件)如大、小口袋袋盖、中山装领子的上领和底领等,必须使表层适当大于底层并匀缩吃进,造成表层欺压下层,使下层不翻翘的效果。一般吐止口为 0.1 cm,即外层的面应大于内层里约 0.25～0.3 cm。

1.3.5　缩水率和脱纱

缩水率(包括面料、里料、衬布等)经缩水试验所测定的经纬向百分率,对各主要部件加放相应的备缩量,如面料经缩 6%,则应对 70 cm 身长的衣片加长 4.2 cm。凡遇易脱纱的衣料,也应对样板缝头适当加宽。

缝头的画法如图 1-15、图 1-16 所示。

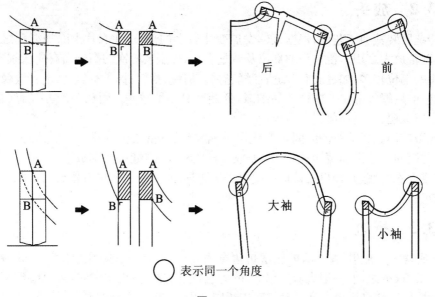

图 1-15

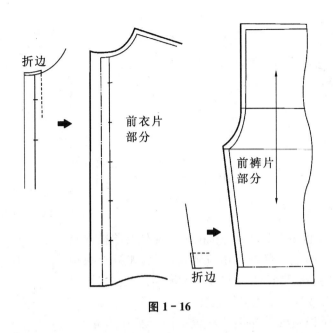

图 1-16

1.4 服装工业制板中样板的标位

在净样周边加出缝头、放头、折边等所需放量,画剪成毛样板后,还须在样上做出各定位标记,作为推板、排料画样及裁剪时的标位依据,而在以后的缝制过程中,对于各主要毛坯裁片中各具体部位的掌握上,也是以定位标记为根据,这样才能保证产品规格的准确性。因此,样板中的准确标位是十分重要的。

1.4.1 标位方法

单件服装加工的定位标记方法,一般毛呢料服装采用"打线钉",棉麻或丝织品可锥眼或用点线器搨印等。但现代成衣工业的批量生产,一般用穿通各层的钻眼、打眼刀等方法,而这又须首先在裁剪样板上做出准确的标准标位。

样板的标位,是以排料画样时便于按位标画印记为目的。一般有三种方法:

(1)剪口 俗称眼刀,在样板边缘需要标位处剪成三角形缺口,如图 1-17 所示。剪口深度、宽度一般为 0.5 cm 左右,样板用于厚衣料或用画粉画样者剪口可大些,薄料剪口可小些。

(2)打孔 针对样板需标位处,用冲机冲孔或用凿子手工打眼。样板打孔用的范围较广,可用于样板某个部位的标位无法剪口处,如袋位、省位等,也可用剪口代替靠近边缘的标位,并能按标位长度打出断续可连的孔眼,如图 1-18 所示。打孔的大小以方便画印为宜,一般孔径在 0.5 cm 左右。

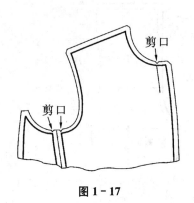
图1-17

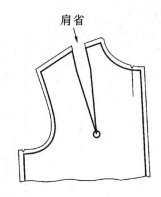
图1-18

(3) 净边 对样板中需要精确定位的一些部位要单独剪成净样,以便排料画样时能准确地画出位置及形状,如裤子的侧缝插袋口,女装凸胸型的胸省等,如图1-19所示。此法采用较少,仅用于高档服装或款式变化多的服装。

此外,需要着重说明的是样板的标位不同于裁片的标位。样板是排料画样的依据,要求标位准确,剪口、打孔较大,利于画样;裁片的标位是缝制工艺的依据,眼刀应剪直口,深度须窄于缝头宽度,一般为缝头宽的一半,钻眼宜小,约Φ1.5 mm,并按样板标位缩进、缩短少许,以免缝后钻眼外露。

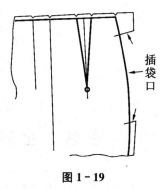
图1-19

1.4.2 标位范围

裁剪样板的标位,主要在衣身、袖片及裤片、裙片上,按不同品种及服装档次有所简繁区别。一般说来,高档产品、结构复杂的款型变化标位较多,对一些重要的零部件也需标位,一般中档服装或常规部位标位较少,低档大路产品更少。常见的标记部位如下:

(1) 缝头 在样板的主要构缝两端或一端对准净线标位,以示净线以外缝头的宽度,如上衣背缝、裤子后缝等。对于一般服装主结构缝头的宽度,如上衣的门襟止口、摆缝、肩缝、袖缝、裤侧缝、下裆缝、前缝及裙缝等皆1 cm缝头,绱袖缝头0.8 cm,绱领缝头0.6 cm等标准缝头不需标位。

(2) 折边 凡有折边的部位,包括门襟连过面等,都应标位,以示折边宽度。标位方法同上,如图1-20、图1-21所示。

(3) 省道 凡收省部位皆需做标记,并按其起止长度、形状及宽度标位。一般锥形省标两端,钉形省、菱形省需标中宽,如图1-22所示。

(4) 褶、裥 一般活褶只标上端宽度,成形的死褶,如裤前身的腹侧死褶应标终止位,贯通衣片的长褶、硬裥,如裙子的褶、对裥,上衣的背裥,还有宽、窄"塔克",都应两端标位,局部抽碎褶可标抽褶范围的起止点。

(5) 袋位 一般暗挖袋,只对袋口及其大小标位,袋牙式暗袋,则需对袋牙下边标位,明贴袋除了袋口及大小外,还应对其前边标位,借缝袋只对袋口长度的两端标位,如图1-23所示。

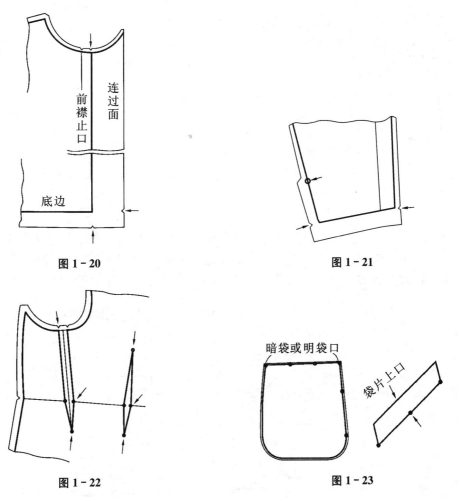

图1-20　　　　　　　　图1-21

图1-22　　　　　　　　图1-23

（6）开口、开衩　主要是对开口或开衩的长度终点标位。有些搭门式开口或开衩的里襟与衣片连料还需对其搭位及宽度标位,如图1-24、图1-25所示。

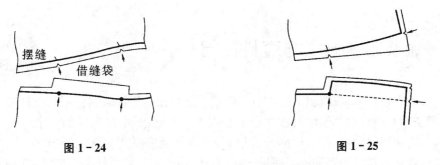

图1-24　　　　　　　　图1-25

（7）对刀　在服装结构中的一些主要缝子,尤其是较长的缝子,在两片合缝时,除了要求两端对齐,往往还要求在当中某些环节、部分按定位标记对准缉线。这种两侧片的对位标记即对刀。需要标记对刀的部位如图1-26、图1-27所示。

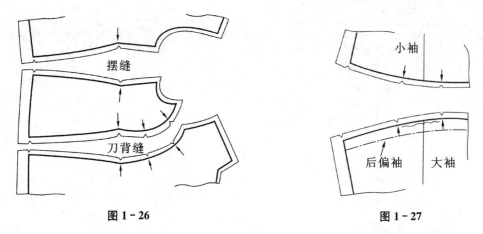

图 1-26　　　　　　　　　　　图 1-27

(8) 绱位　绱位与对刀类同,主要是用在较小部件绱于衣身的对位上,如绱领子,除了领前边与领口缺嘴对位外,还有领中点与无背缝的后领口中点对位;绱袖子则需在袖山头与袖窿前腋下标位;半腰带、腰袢、肩袢、袖袢等部件绱于衣身的定位标记,如图 1-28 所示。

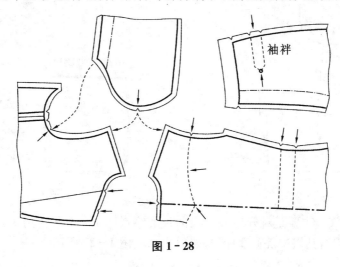

图 1-28

1.5　服装工业制板与面料性能

在成衣生产过程中,服装加工的工业纸样基本上是使用纸板来制作系列纸样的,但纸板与面料、里子、衬、内衬和其他辅料在性能上有很大的不同,其中最重要的一个因素是缩量。服装因各自选用面料的不同,缩量的差异很大,对成品规格将产生重大影响,而且制板用的纸板本身也存在自然的潮湿和风干缩量问题,因此,在绘制裁剪纸样和工艺纸样时必须考虑缩量,通常的缩量是指缩水率和热缩率。

1.5.1　缩水率

织物的缩水率主要取决于纤维的特性、织物的组织结构、织物的厚度、织物的后整理和缩水的方法等,经纱方向的缩水率通常比纬纱方向的缩水率大。

下面介绍毛织物在静态浸水时缩水率的测定。

调湿和测量的温度为 20 ℃±2 ℃,湿度为 65%±3%,试样的大小裁取 1.2 m 长的全幅织物,将试样平放在工作平台上,在经向上至少做 3 对标记,纬向上至少做 5 对标记,每对标记要相应均匀分布,以使测量值能代表整块试样。操作步骤如下:

(1) 将试样在标准大气中平铺调湿至少 24 h;
(2) 调湿后的试样无张力地平放在测量工作台上,在距离标记约 1 cm 处压上 4 kg 重的金属压尺,然后测量每对标记间的距离,精确到 1 mm;
(3) 称取试样的重量;
(4) 将试样以自然状态散开,浸入温度 20~30 ℃ 的水中 1 h,水中加 1 g/L 烷基聚氧乙烯醚(平平加),使试样充分没于水中;
(5) 取出试样,放入离心脱水机内脱干,小心展开试样,置于室内,晾放在直径为 6~8 cm 的圆杆上,织物经向与圆杆近似垂直,标记部位不得放在圆杆上;
(6) 晾干后试样移入标准大气中调湿;
(7) 称取试样重量,织物浸水前调湿重量和浸水晾干调湿后的重量差异在 2% 以内,然后按第(2)步再次测量。

试样尺寸的缩水率:

$$S=(L_1-L_2)/L_1\times 100\%$$

式中:S——经向或纬向尺寸变化率(%);

L_1——浸水前经向或纬向标记间的平均长度(mm);

L_2——浸水后经向或纬向标记间的平均长度(mm)。

当 $S>0$ 时,表示织物收缩,当 $S<0$ 时,表示试样伸长。

$$L_1=L_2/(1-S\%)$$

如果用咔叽呢的面料缝制裤子,而裤子的成品规格裤长是 100 cm,经向的缩水率是 3%,那么制板纸样的裤长:

$$L=100/(1-3\%)=100/0.97=103.1$$

诸如其他织物,如缝制牛仔服装的织物,试样的量取类似毛织物的方法,而牛仔面料的水洗方法很多,如石磨洗、漂洗等,试样的缩水率根据实际的水洗方法来确定,但绘制纸板尺寸的计算公式还是采用上面的公式。

1.5.2 热缩率

织物的热缩率与缩水率类似,主要取决于纤维的特性、织物的密度、织物的后整理和熨烫的温度等,在多数情况下,经纱方向的热缩率比纬纱方向的热缩率大。

下面介绍毛织物在干热熨烫条件下热缩率的测试。

试验条件在标准大气压下,温度为 20 ℃±2 ℃,相对湿度为 65%±3%,对织物进行调试时,试样不得小于 20 cm 长的全幅,在试样的中央和旁边部位(至少离开布边 10 cm)画出 70 mm×70 mm 的两个正方形,然后用与试样色泽相异的细线,在正方形的四个角上做标记,试验步骤如下:

(1) 将试样在试验用标准大气压下平铺调湿至少 24 h,纯合纤产品至少调湿 8 h;
(2) 将调湿后的试样无张力地平放在工作台上,依此测量经、纬向分别对标记间的距离，精确到 0.5 mm，并分别计算出每块试样的经、纬向的平均距离；

(3) 将温度计放入带槽石棉板内，压上熨斗或其他相应的装置加热到 180 ℃以上，然后降温到 180 ℃时，先将试样平放在毛毯上，再压上电熨斗，保持 15 s，然后移开试样；

(4) 按第(1)步和第(2)步要求重新调湿，测量和计算经、纬向平均距离。

试样尺寸的热缩率：

$$R=(L_1-L_2)/L_1\times100\%$$

式中：R——试样经、纬向的尺寸变化率(%)；

L_1——试样熨烫前标记间的平均距离(mm)；

L_2——试样熨烫后标记间的平均长度(mm)。

当 $R>0$ 时，表示织物收缩，$R<0$，表示试样伸长。

$$L_1=L_2/(1-R\%)$$

如果用精纺呢绒的面料缝制西服上衣，而成品规格的衣长是 74 cm，经向的缩水率是 2%，那么，设计的纸样衣长(L)：

$$L=74/(1-2\%)=74/0.98=75.5(cm)$$

但事情并不那么简单，通常的情况是面料上要粘有纺衬或无纺衬，这时不仅要考虑面料的热缩率，还要考虑衬的热缩率，在保证它们能有很好的服用性能的基础上，粘合在一起后，计算它们共有的热缩率，从而确定适当的制板纸样尺寸。

至于其他面料，尤其是化纤面料一定要注意熨烫的合适温度，防止面料焦化等现象。

影响服装成品规格还有其他因素，如缝缩率等，这与织物的质地、缝纫线的性质、缝制时上下线的张力、压脚的压力以及人为的因素有关，在可能的情况下，纸样可作适当处理。

1.6 服装工业制板的管理

1.6.1 文字标注的内容

(1) 产品编号及名称。

(2) 号型规格。

(3) 样板的结构、部件名称。

(4) 标明面、里、衬袋布等各式样板。

(5) 左右片不对称的产品，要标明左、右、上、下、正、反面的区别。

(6) 丝绺的经向标志。

(7) 不是固定片数的或里、面同料的部件(如裤门襟、穿带袢等)，应标明每件应裁的片数。

(8) 需要利用衣料光边的部件，应标明边位。

1.6.2 文字标注的要求

(1) 标字常用的外文字母和阿拉伯数字，应尽量用单字图章拼盖。其余文字用正楷或仿宋体书写。

(2) 拼盖图章及手写文字要端正、整洁,勿潦草、涂改。
(3) 标字符号要准确无误。

1.6.3　样板复核

(1) 核对样板的完整性

制定的样板一定要是完整的,面、里、衬、零部件、袋布、垫布都必须是完整的,不得遗漏或丢失。

(2) 核对规格的准确性

核对的部位包括上装的衣长、胸围、肩宽、领口、袖长、袖口、腰围、下装的裤长、裙长、直裆、中裆、腰围、臀围。在核对过程中要把缝份、缩率、贴边等相关因素包括在内。

(3) 核对文字标识是否完整清楚

(4) 核对相关部位是否吻合

如前后侧缝、肩缝、领口、袖窿、裤侧缝、裤下裆等都必须核对。

(5) 核对系列号型是否科学合理

除了特殊指定要求以外,是否按照国家最新标准号型系列 GB 1335-1997《服装号型》设计的。

(6) 核对定位标记是否准确

无论是打剪口的地方还是钻眼的地方都必须准确。

(7) 核对样板的边缘是否顺直

在剪切纸板时是否有不圆顺的地方,如果有需要修正。

1.6.4　样板管理

(1) 每一个产品的样板打制完成后,要认真检查、复核,避免欠缺、误差。
(2) 每一件样板要在适当位置打一个 Φ10~15 mm 的圆孔,便于串连、吊挂。
(3) 样板要实行专人、专柜、专账、专号管理。
(4) 出入库样板要进行登记,保证完整,不得随意修改。
(5) 要避免受潮、虫蛀、磨损或变形。
(6) 样板属于企业的技术机密,本企业内或企业外复制都需要不同级别的领导同意或批准后方可拓板。

2 国家服装标准

2.1 服装号型概况

《服装号型》国家标准是服装工业重要的基础标准,是根据我国服装工业生产的需要和人口体型状况建立的人体尺寸系统,是编制各类服装规格的依据。从1974年开始,我国开始着手制定《服装号型系列》标准的工作。经过人体测量调查、数据计算统计分析、拟定标准文本、标准试行、修改完善标准内容几个工作阶段,原国家标准总局于1981年6月1日正式批准发布GB 1335-1981《服装号型系列》国家标准,并于次年在全国范围内正式实施。中国服装工业总公司、中国服装研究设计中心、上海服装研究所等单位从1985年起开始修订标准的立项工作。1986年修订服装号型标准项目任务下达,有关方面多次召集人体工效学、数理统计、服装标准、服装生产、管理和教育领域的专家,共同讨论和商定了修订工作方案,并成立由以上三个单位和中国科学院系统所、原中国标准化与信息分类编码研究所有关专家组成的课题组。从1987年开始在全国六个自然区域的十个省、市、自治区,"开展人体测量工作,测得共计一万五千多人的成年男子、女子、少年男子、女子及儿童的服装用人体部位的尺寸数据。在对人体数据进行大量科学计算和分析的基础上,标准起草人员先后研究了人体体形分类,基本部位的选定,号型设置范围,上下装配套,中间体确定,控制部位及其分档数值的选定等课题,初步形成了标准文本。在这期间,项目组成员还考察了日本有关研究服装尺寸标准的研究部门,收集了有关资料。1989年底标准文本(征求意见稿)发至工业、商业的行业管理部门、生产企业、质检部门、科研院校等单位征求意见。同时组织了服装小批量生产和实体试穿验证工作。1990年10月,该标准通过了原纺织工业部组织的专家审查工作。1991年7月经原国家技术监督局审查批准,正式发布了GB 1335-1991《服装号型》国家标准,于1992年4月1日正式实施。其后,在1991版标准的基础上,对男子、女子标准部分的有关内容进行了删除和调整;儿童标准部分增加了0~2岁婴儿的号型内容,使标准内容更加完善,并形成1997版《服装号型》标准文本正式发布实施。

2.1.1 服装号型的定义及体型分类

《服装号型》国家标准由男子、女子、儿童三个独立部分组成(GB/T1335.1~1335.3-1997)。其中,"GB"是"国家标准"四字中"国标"两字汉语拼音的第一个字母,"T"是"推荐使用"中"推"字汉语拼音的第一个字母。成人男女服装号型包括"号"、"型"、"体型"三部分,其中"号"表示人体的身高,是设计和选购服装长度的依据,从人体测量数据和服装消费的实际考察,人体身高与颈椎点高、坐姿颈椎点高、腰围高和全臂长等人体纵向长度密切相关,它们随身高的增长而增长。因此号的含义关联着身高所统辖的属于长度方面的各项数值,这些数值成为不可分割的整体。"型"表示人体的净胸围或净腰围,是设计和选购服装肥瘦的依据,型的含义同样包含胸围或腰围所关联的臀围、颈围以及总肩宽,它们同样是一组不可分割的整体。"体型"表示人体净胸围与净腰围尺寸的差数(胸腰落差),其分类代号以Y、A、B、C表示。男子、女子体型划分分别见表2-1和表2-2。

表2-1 男子体型划分　　　　　　　　　　　　　单位:cm

体型分类代号	Y	A	B	C
胸围与腰围尺寸之差	22～17	16～12	11～7	6～2

表2-2 女子体型划分　　　　　　　　　　　　　单位:cm

体型分类代号	Y	A	B	C
胸围与腰围尺寸之差	24～19	18～14	13～9	8～4

体型分类客观地反映了我国人口群体中体型的差异。如Y体型为宽肩细腰;A体型为一般正常体型;B体型腹部略突出,多为中老年体型;C体型腰围尺寸接近胸围尺寸,属于肥胖体型。

儿童服装号型与成人的差异是没有划分体型,这是由儿童身体成长发育的特点所决定的,"号"和"型"的定义与成人相同。儿童随着身高逐渐增长,胸围、腰围等部位逐渐发育变化,向成人的四种体型靠拢。

2.1.2　服装号型系列及号型标志

《服装号型》国家标准分别按男子、女子和儿童设置了号型系列,规定了身高以5 cm分档,胸围以4 cm分档,腰围以4 cm、2 cm分档,分别组成5·4系列(上装),5·4、5·2系列(下装)。需要说明的是:为了与上装5·4系列配套使用,满足腰围分档间距不宜过大的要求,才将5·4系列按半档排列,组成5·2系列。在上、下装配套时,可在系列表中按需选一档胸围尺寸,对应下装尺寸系列选用一档或两档甚至三档腰围尺寸,分别做1条或2条、3条裤子、裙子。成人号型系列分档范围和分档间距见表2-3。

表2-3 成人号型系列分档范围和分档间距　　　　　　　　　　　　　单位:cm

型	体　型	号(身高)		分档间距
		男	女	
		155～185	145～175	5
胸围	Y	76～100	72～96	4
	A	72～100	72～96	4
	B	72～108	68～104	4
	C	76～112	68～108	4
腰围	Y	56～82	50～76	2和4
	A	56～88	54～82	2和4
	B	62～100	56～94	2和4
	C	70～108	60～102	2和4

儿童服装号型把身高划分成三段编制,组成系列。第一段是身高在52 cm～80 cm之间

的婴儿(不分男女),身高以 7 cm 分档,胸围以 4 cm 分档,腰围以 3 cm 分档。上装组成 7·4 系列,下装组成 7·3 系列。第二段是身高在 80 cm~130 cm 之间的儿童(小童,不分男女),身高以 10 cm 分档,胸围以 4 cm 分档,腰围以 3 cm 分档。上装组成 10·4 系列,下装组成 10·3 系列。第三段是身高在 135 cm~160 cm 之间的男童和身高在 135 cm~155 cm 之间的女童,身高以 5 cm 分档,胸围以 4 cm 分档,腰围以 3 cm 分档。上装组成 5·4 系列,下装组成 5·3 系列。儿童号型系列分档范围和分档间距见表 2-4。

表 2-4 儿童号型系列分档范围和分档间距　　　　　　单位:cm

型		号			
		婴儿	儿童(小童)	儿童(大童)	
		52~80	80~130	135~160(男)	135~155(女)
胸围		40~48	48~64	60~80	56~76
腰围		41~47	47~59	54~69	49~64
分档间距	号	7	5	5	5
	胸围	4	4	4	4
	腰围	3	3	3	3

按服装号型标准规定服装成品必须有"号型"标志,正确的表示方法是,先"号"后"型",两者间用斜线分开,后接"体型分类代号",例如:男上装的的号型 170/88A,其中 170 表示身高为 170 cm,88 表示人体净胸围为 88 cm,体型分类代号 A 表示净胸围减净腰围的差数在 16 cm~12 cm 之间。男下装(裤子)的号型 170/72B,表示该服装适合 170 cm 身高,净腰围为 72 cm,净胸围减净腰围的差数在 11 cm~7 cm 之间的人穿着。

儿童不分体型,因此号型标志没有体型分类代号。

号型标志由于包含了人体的高度、围度和体型特点,便于记忆和识别,并和服装的实际规格有内在的联系,比其他表示方法合理清楚。

2.1.3 成人号型系列中间体的确定

成人号型系列的设置是以中间标准体为中心,按规定的分档距离,向左右推排而形成系列。

中间体的设置除考虑基本部位的均值外,主要依据号(身高)、型(胸围或腰围)出现频数的高低,使中间体尽可能位于所设置号型的中间位置。在设置中间体时也考虑了另外一些重要因素,即人们对服装的穿着习惯一般是宁可偏大而不偏小,此外当人的体型发生变化时,一般向胸围与腰围差变小型变化。根据这些原则,确定成年男子和女子各体型的中间体,见表 2-5。

表 2-5 成年男子和女子各体型的中间体　　　　　　单位:cm

体型		Y	A	B	C
男子	身高	170	170	170	170
	胸围	88	88	92	96
女子	身高	160	160	160	160
	胸围	84	84	88	88

2.2 服装号型的内容及应用

2.2.1 服装规格的含义

服装规格通常是指服装成衣外形主要部位的尺寸大小,它实际上是控制和反映服装成衣外观形态的一种标志。在商业领域,服装规格是消费者选购服装必须考虑的重要内容之一,而在生产领域,服装规格不但是产品达到设计和工艺要求的关键性指标之一,同时还是服装企业控制产品质量的一个重要环节。在制板、裁剪、缝制、整烫等生产流程中,服装规格的控制作用是贯穿始终的。服装规格总体上有上装与下装之分。上装一般是指衣长、袖长、肩宽、胸围和领大等主要部位在生产领域,还包括诸如袋位、袋口大、省长、领尖长、袖口大等细节部位。下装一般是指裤(裙)长、腰围、臀围等主要部位。在生产领域,还包括诸如直裆、横裆、脚口大、前后龙门、裥大省长、腰头宽等细节部位。

2.2.2 服装号型与服装规格的关系

1) 服装号型与服装规格关系密切

首先,它们都是通过对人体相关部位进行测量而获得的数据;其次它们又都是为服装产品最后定型而发挥作用的,并保证服装成衣能满足相关人群"穿衣合体"的需要。服装号型是服装规格产生的基础和依据,而服装规格在某种程度上讲是服装号型在服装产品上具体运用的最终表象。服装号型与服装规格的对应关系见表2-6。

表2-6 服装号型与服装规格的对应关系　　　单位:cm

服装号型人体测量部位	折算公式	服装主要规格名称
身　高	—	—
男子颈椎点高	颈椎点高/2−0.5	后衣长(男西服)
女子颈椎点高	颈椎点高/2−5	后衣长(女西服)
坐姿颈椎点高	—	—
全臂长	全臂长+3	袖长(西服)
腰围高	腰围高+[腰头宽/2−2(地面向上距离)]	裤长
净胸围	净胸围+不同款式所需要的加放松度	胸围
净颈围	净颈围+不同款式所需要的加放松度	领围
总肩宽	总肩宽+1	总肩宽(正装装袖款式)
净腰围	净腰围+2	腰围
净臀围	净臀围+不同款式所需要的加放松度	臀围

注1:腰头宽一般为3.5 cm~4 cm。
注2:西服胸围加放松度一般男子为18 cm~20 cm,女子为16 cm~18 cm(均在棉毛衫、衬衫外量放)。
注3:西裤臀围加放松度男女一般为10 cm(均在棉毛裤外量放)。
注4:男衬衫领围的加放松度一般在1 cm~1.5 cm之间,女衬衫领围完整。
注5:各档人体测量部位的具体数据见GB/T 1335.1~1335.3-1997标准的附录B各列表。

表2-6清楚地显示,服装成品主要规格与服装号型规定的人体测量部位有着直接的联系,服装号型所定人体测量部位数据对服装规格的生成起到了导向性作用。

2)服装号型与服装规格的区别

服装号型所显示的数据通常是指对人体进行净体测量所得到的数据。如一件钉有"175/92A"号型标志的男西服,仅表明该件西服适合于身高在174 cm～176 cm之间,净胸围在90 cm～93 cm之间,且体型正常的男士穿着,并不表示该件西服的实际衣长和胸围等具体数值,而服装规格则是具体反映一件服装产品外形主要部位的尺寸。在服装成品上,其表示方法一般为"衣长×胸围"、"衣长－胸围－领围"或"裤长×腰围"。仍以钉有"175/92A"号型标志的男西服为例,根据现行服装号型国家标准规定及服装规格与服装号型人体测量部位数值折算公式计算,该件男西服产品的(后)衣长实际尺寸或许是73 cm,胸围的实际尺寸或许是110 cm。这组数据可以在该件男西服成品上直接测量得出。通过以上分析可以看出,在实际应用中,服装号型一般只是起到区间性指示作用。它通过确定人体身高、净胸围、净腰围的区间范围及区分成人不同体型的方法来确定或划分某一款式的服装成品适合何类人群穿着。

服装规格则是具体表示某件服装成品主要部位尺寸大小的实际数值。服装号型主要针对人群而言,强调的是不同规格、不同尺寸档次服装对相应人群的适体性,指向比较宏观;服装规格则主要针对服装成品本身而言,强调的是服装外形上主要部位的实际尺寸,指向十分具体。从使用状况看,目前服装号型多在市场销售的服装商品上出现,消费者可以通过对它的认识和理解,并在它的引导下选购自己称心与合体的服装;服装规格则在服装企业的生产工艺单上和销售合同上出现的频率较高些,它将服装号型的设定要求转换成具体的服装成品外形主要部位的实际尺寸,起到指导生产、控制产品外形尺寸质量及满足供销双方合同约定的作用。服装规格有时在流通领域中也能起到指导消费的作用。

2.2.3 服装号型主要控制部位数值的形成

为了便于应用,现行《服装号型》国家标准除了给出"号型系列控制部位数值表"外,还列出了服装号型各系列中间体及服装分档数值,分档数值对服装成品规格推档是至关重要的。它的运用对于准确实施《服装号型》国家标准,合理确立各种类别和各种款式服装成品外形的各档规格是一个不可缺少的步骤。尽管在现行《服装号型》国家标准中,号型系列分档数值是针对各主要控制部位而言的,但笔者认为,如果将标准中主要控制部位数值转换成服装成品外形规格尺寸,这些分档数值依然可以作为推档的标准系数。

服装号型系列分档数值及主要控制部位中间体数值见表2-7、表2-8和表2-9。

表2-7 成人主要控制部位分档数值　　　　　　　　单位:cm

主要控制部位		体型							
		Y		A		B		C	
		男	女	男	女	男	女	男	女
当身高每增减5 cm时	颈椎点高(±)	4	4	4	4	4	4	4	4
	坐姿颈椎点高(±)	2	2	2	2	2	2	2	2
	全臂长(±)	1.5	1.5	1.5	1.5	1.5	1.5	1.5	1.5
	腰围高(±)	3	3	3	3	3	3	3	3

续表 2-7

主要控制部位		体型							
		Y		A		B		C	
		男	女	男	女	男	女	男	女
当胸围每增减 4 cm 时	净颈围(±)	1	0.8	1	0.8	1	0.8	1	0.8
	总肩宽(±)	1.2	1	1.2	1	1.2	1	1.2	1
当腰围每增减 4 cm 时	净臀围(±)	3.2	3.6	3.2	3.6	2.8	3.2	2.8	3.2
当腰围每增减 2 cm 时	净臀围(±)	1.6	1.8	1.6	1.8	1.4	1.6	1.4	1.6

注：主要控制部位分档数值数据都是相对于中间体而言的。

表 2-8　儿童主要控制部位分档数值　　　　　　　　　　单位：cm

主要控制部位	身高 80 cm～130 cm 的儿童	身高 135 cm～160 cm 的男童	身高 135 cm～155 cm 的女童
身高分档数值(±)	10	5	5
坐姿颈椎点高(±)	4	2	2
全臂长(±)	3	1.5	1.5
腰围高(±)	7	3	3
胸围分档数值(±)	4	4	4
净颈围(±)	0.8	1	1
总肩宽(±)	1.8	1.2	1.2
腰围分档数值(±)	3	3	3
净臀围(±)	5	4.5	4.5

注1：儿童号型无体型之分。
注2：主要控制部位分档数值数据均是相对于中间体而言的。

表 2-9　各类体型主要控制部位中间体数值　　　　　　　单位：cm

类别	成人								儿童		
体型	Y		A		B		C		身高 80 cm ～130 cm 的儿童	身高 135 cm ～160 cm 的男童	身高 135 cm ～155 cm 的女童
主要控制部位	男	女	男	女	男	女	男	女			
身高	170	160	170	160	170	160	170	160	100	145	145
颈椎点高	145	136	145	136	145.5	136.5	146	136.5	—	—	—
坐姿颈椎点高	66.5	62.5	66.5	62.5	67	63	67.5	62.5	38	53	54
全臂长	55.5	50.5	55.5	50.5	55.5	50.5	55.5	50.5	31	47.5	46
腰围高	103	98	102.5	98	102	98	102	98	58	89	90
净胸围	88	84	88	84	92	88	96	88	56	68	68
净颈围	36.4	33.4	36.8	33.6	38.2	34.6	39.6	34.8	25.8	31.5	30
总肩宽	44	40	43.6	39.4	44.4	39.8	45.2	39.2	28	37	36.2
净腰围	70	64	74	68	84	78	92	82	53	60	58
净臀围	90	90	90	90	95	96	97	96	59	73	75

服装号型各系列控制部位数值(男子)见表 2-10、表 2-11、表 2-12、表 2-13。

表 2-10 5·4、5·2Y 号型系列控制部位数值　　　　　　　　　　　　单位:cm

部位	Y 数 值												
身高	155		160		165		170		175		180		185
颈椎点高	133.0		137.0		141.0		145.0		149.0		153.0		157.0
坐姿颈椎点高	60.5		62.5		64.5		66.5		68.5		70.5		72.5
全臂长	51.0		52.5		54.0		55.5		57.0		58.5		60.0
腰围高	94.0		97.0		100.0		103.0		106.0		109.0		112.0
胸围	76		80		84		88		92		96		100
颈围	33.4		34.4		35.4		36.4		37.4		38.4		39.4
总肩宽	40.4		41.6		42.8		44.0		45.2		46.4		47.6
腰围	56	58	60	62	64	66	68	70	72	74	76	78	80	82
臀围	78.8	80.4	82.0	83.6	85.2	86.8	88.4	90.0	91.6	93.2	94.8	96.4	98.0	99.6

表 2-11 5·4、5·2A 号型系列控制部位数值　　　　　　　　　　　　单位:cm

部位	A 数 值																	
身高	155			160			165			170			175			180		185
颈椎点高	133.0			137.0			141.0			145.0			149.0			153.0		157.0
坐姿颈椎点高	60.5			62.5			64.5			66.5			68.5			70.5		72.5
全臂长	51.0			52.5			54.0			55.5			57.0			58.5		60.0
腰围高	93.5			96.5			99.5			102.5			105.5			108.5		111.5
胸围	72			76			80			84			88			92		96	100
颈围	32.8			33.8			34.8			35.8			36.8			37.8		38.8	39.8
总肩宽	38.8			40.0			41.2			42.4			43.6			44.8		46.0	47.2
腰围	56	58	60	60	62	64	64	66	68	68	70	72	72	74	76	76	78	80	80	82	84	84	86	88
臀围	75.6	77.2	78.8	78.8	80.4	82.0	82.0	83.6	85.2	85.2	86.8	88.4	88.4	90.0	91.6	91.6	93.2	94.8	94.8	96.4	98.0	98.0	99.6	101.2

表 2-12 5·4、5·2B号型系列控制部位数值　　　　　　　　　　单位:cm

部位	B 数值																			
身高	155		160		165		170		175		180		185							
颈椎点高	133.5		137.5		141.5		145.5		149.5		153.5		157.5							
坐姿颈椎点高	61.0		63.0		65.0		67.0		69.0		71.0		73.0							
全臂长	51.0		52.5		54.0		55.5		57.0		58.5		60.0							
腰围高	93.0		96.0		99.0		102.0		105.0		108.0		111.0							
胸围	72		76		80		84		88		92		96		100		104		108	
颈围	32.2		34.2		35.2		36.2		37.2		38.2		39.2		40.2		41.2		42.2	
总肩宽	38.4		39.6		40.8		42.0		43.2		44.4		45.6		46.8		48.0		49.2	
腰围	62	64	66	68	70	72	74	76	78	80	82	84	86	88	90	92	94	96	98	100
臀围	79.6	81.0	82.4	83.8	85.2	86.6	88.0	89.4	90.8	92.2	93.6	95.0	96.4	97.8	99.2	100.6	102.0	103.4	104.8	106.2

表 2-13 5·4、5·2C号型系列控制部位数值　　　　　　　　　　单位:cm

部位	C 数值																		
身高	155		160		165		170		175		180		185						
颈椎点高	134.0		138.0		142.0		146.0		150.0		154.0		158.0						
坐姿颈椎点高	61.5		63.5		65.5		67.5		69.5		71.5		73.5						
全臂长	51.0		52.5		54.0		55.5		57.0		58.5		60.0						
腰围高	93.0		96.0		99.0		102.0		105.0		108.0		111.0						
胸围	76		80		84		88		92		96		100		104		108		112
颈围	34.6		35.6		36.6		37.6		38.6		39.6		40.6		41.6		42.6		43.6
总肩宽	39.2		40.4		41.6		42.8		44.0		45.2		46.4		47.6		48.8		50.0
腰围	70	72	74	76	78	80	82	84	86	88	90	92	94	96	98	100	102	104	106	108
臀围	81.6	82.0	84.4	85.0	87.2	88.6	90.0	91.4	92.8	94.2	95.6	97.0	98.4	99.8	101.2	102.6	104.0	105.4	106.8	108.2

服装号型各系列控制部位数值(女子)见表 2-14、表 2-15、表 2-16、表 2-17。

表 2-14 5·4、5·2Y 号型系列控制部位数值　　　　　　　　　　　　单位:cm

部位	Y 数 值													
身高	145		150		155		160		165		170		175	
颈椎点高	124.0		128.0		132.0		136.0		140.0		144.0		148.0	
坐姿颈椎点高	56.5		58.5		60.5		62.5		64.5		66.5		68.5	
全臂长	46.0		47.5		49.0		50.5		52.0		53.5		55.0	
腰围高	89.0		92.0		95.0		98.0		101.0		104.0		107.0	
胸围	72		76		80		84		88		92		96	
颈围	31.0		31.8		32.6		33.4		34.2		35.0		35.8	
总肩宽	37.0		38.0		39.0		40.0		41.0		42.0		43.0	
腰围	50	52	54	56	58	60	62	64	66	68	70	72	74	76
臀围	77.4	79.2	81.0	82.8	84.6	86.4	88.2	90.0	91.8	93.6	95.4	97.2	99.0	100.8

表 2-15 5·4、5·2A 号型系列控制部位数值　　　　　　　　　　　　单位:cm

部位	A 数 值																
身高	145			150			155			160			165			170	175
颈椎点高	124.0			128.0			132.0			136.0			140.0			144.0	148.0
坐姿颈椎点高	56.5			58.5			60.5			62.5			64.5			66.5	68.5
全臂长	46.0			47.5			49.0			50.5			52.0			53.5	55.0
腰围高	89.0			92.0			95.0			98.0			101.0			104.0	107.0
胸围	72			76			80			84			88			92	96
颈围	31.2			32			32.8			33.6			34.4			35.2	36.0
总肩宽	36.4			37.4			38.4			39.4			40.4			41.4	42.4
腰围	54	56	58	58	60	62	62	64	66	66	68	70	70	72	74	74	76	78	78	80	82
臀围	77.4	79.2	81.0	81.0	82.8	84.6	84.6	86.4	88.2	88.2	90.0	91.8	91.8	93.6	95.4	95.4	97.2	99.0	99.0	100.8	102.6

表 2-16 5·4、5·2B 号型系列控制部位数值   单位:cm

B 部位	数 值																	
身高	145		150		155		160		165		170		175					
颈椎点高	124.5		128.5		132.5		136.5		140.5		144.5		148.5					
坐姿颈椎点高	57.0		59.0		61.0		63.0		65.0		67.0		69.0					
全臂长	46.0		47.5		49.0		50.5		52.0		53.5		55.0					
腰围高	89.0		92.0		95.0		98.0		101.0		104.0		107.0					
胸围	68		72		76		80		84		88		92		96		100	104
颈围	30.6		31.4		32.2		33.0		33.8		34.6		35.4		36.2		37.0	37.8
总肩宽	34.8		35.8		36.8		37.8		38.8		39.8		40.8		41.8		42.8	43.8
腰围	56	58	60	62	64	66	68	70	72	74	76	78	80	82	84	86	88	90	92	94
臀围	78.4	80.0	81.6	83.2	84.8	86.4	88.0	89.6	91.2	92.8	94.4	96.0	97.6	99.2	100.8	102.4	104.0	105.6	107.2	108.8

表 2-17 5·4、5·2C 号型系列控制部位数值   单位:cm

C 部位	数 值																		
身高	145		150		155		160		165		170		175						
颈椎点高	124.5		128.5		132.5		136.5		140.5		144.5		148.5						
坐姿颈椎点高	56.5		58.5		60.5		62.5		64.5		66.5		68.5						
全臂长	46.0		47.5		49.0		50.5		52.0		53.5		55.0						
腰围高	89.0		92.0		95.0		98.0		101.0		104.0		107.0						
胸围	68		72		76		80		84		88		92		96		100	104	108
颈围	30.8		31.6		32.4		33.2		34.0		34.8		35.6		36.4		37.2	38.0	38.8
总肩宽	34.2		35.2		36.2		37.2		38.2		39.2		40.2		41.1		42.2	43.2	44.2
腰围	60	62	64	66	68	70	72	74	76	78	80	82	84	86	88	90	92	94	96	98	100	102
臀围	78.4	80.0	81.6	83.2	84.8	86.4	88.0	89.6	91.2	92.8	94.4	96.0	97.6	99.2	100.8	102.4	104.0	105.6	107.2	108.8	110.4	112.0

服装号型各系列控制部位数值(儿童)见表 2-18、表 2-19、表 2-20。

表 2-18 身高 80～130 cm 儿童控制部位数值　　　　　　　　　　单位:cm

部 位		数 值					
长度	身高	80	90	100	110	120	130
	坐姿颈椎点高	30	34	38	42	46	50
	全臂长	25	28	31	34	37	40
	腰围高	44	51	58	65	72	79
围度	胸围	48		52		56		60		64
	颈围	24.20		25		25.80		26.60		27.40
	总肩宽	24.40		26.20		28		29.80		31.60
	腰围	47		50		53		56		59
	臀围	49		54		59		64		69

表 2-19 身高 135～160 cm 男童控制部位数值　　　　　　　　　　单位:cm

部 位		数 值					
长度	身高	135	140	145	150	155	160
	坐姿颈椎点高	49	51	53	55	57	59
	全臂长	44.50	46	47.50	49	50.50	52
	腰围高	83	86	89	92	95	98
围度	胸围	60	64	68	72	76	80
	颈围	29.50	30.50	31.50	32.50	33.50	34.50
	总肩宽	34.60	35.80	37	38.20	39.40	40.60
	腰围	54	57	60	63	66	69
	臀围	64	68.50	73	77.50	82	86.50

表 2-20 身高 135～155 cm 女童控制部位数值　　　　　　　　　　单位:cm

部 位		数 值				
长度	身高	135	140	145	150	155
	坐姿颈椎点高	50	52	54	56	58
	全臂长	43	44.50	46	47.50	49
	腰围高	84	87	90	93	96
围度	胸围	60	64	68	72	76
	颈围	28	29	30	31	32
	总肩宽	33.80	35	36.20	37.40	38.60
	腰围	52	55	58	61	64
	臀围	66	70.50	75	79.50	84

3 服装工业推板

3.1 推板的依据

推板是打板的继续,是打制全套号型规格的裁剪样板。推板的根本依据是标准母板与全套规格系列。

3.1.1 标准母板

母板产生于打板,也是全套规格系列中的一个号型的样板,但它是标准的结构设计制图并加放了标准的缝头、折边与标位。同批产品中的各个号型有长、短、肥、瘦的风格差别,但其表现形式,则必须是"如出一辙"地形似标准"母型"。故母板是推板的基础依据,以母板为标准,逐部位地按规格系列的档距进行推移放缩,按其构图轮廓推移画线或直接剪制出各号型衣片系列,这就是推板的简略过程。离开了标准母板,是无从进行推板工作的。

3.1.2 规格系列

同批产品的全套规格系列,是推板的推移变化依据,没有系列的规格,也是无从进行规格系列推板的。

打制母板的主要任务是确定样板的基础标样,而推板的主要任务,是解决全套的样板系列,打制各个号型的裁剪样板。因此,在有了母板作为款式的基础依据之后,推板的大量工作就是对全套规格系列进行逐部位地系统分析、计算与分配处理。这包括以下几方面的内容及应掌握的相应基础知识。

1)服装规格分类

一般服装的规格尺寸,按其内容范围及用法,可分为三类。

(1)号型规格 它是以人体的高度和主要围度区分人体的类型,也是制定相应的服装成品规格的根据。但不能直接用于结构设计制图,因而也不能与打板、推板发生直接联系。

(2)成品规格 它是按服式与穿用要求加放松度而酌定长度、围度,制定服装各主要部位的成衣规格尺寸。成品规格的部位数量是以服装的品种、款式而定。一般上衣、大衣类,有衣长、袖长、领大、肩宽、胸围、胸宽、背宽、袖口等部位;下衣类有裤长、裙长、上裆、下裆、腰围、臀围、裤口等部位。有些品种因款式变化,亦可增加一些相关部位的尺寸,如上衣类中有加腰节长、乳位、乳距、摆围等,下衣类有增膝位、围裆、腹裆、横裆、中裆等。

成品规格是衡量服装成品质量的准绳,因而也是服装结构设计制图及打板、推板的直接尺寸依据。

(3)配属规格 它也属成品尺寸,但它是各主要部位以外的各较小部位的成品尺寸。

它不是事先提供的,而是在结构设计的制图过程中,由服装款型及主要部位成品规格,按比例计算或推导出来的若干具体小部位的尺寸,是配合并从属于款型要求及各主要部位成品规格的尺寸,故统称为配属规格。在服装成品的构成中,配属规格是大量的,并分布于服装的各个部位,如袖窿深、袖肥、袖山深、领宽、领嘴、搭门、驳头宽、扣位、袋大、袋位、省大、褶量及位置、衣摆、底边翘、袖口斜、偏袖宽,以至一些细小的倾斜、起翘、角度、弧度等。

配属规格虽然一般不是主要尺寸,但对服装总体的规格组合起着不可缺少的协调配合作用,故往往将一些较重要部位的配属规格、纳入成衣检验的考核规格,如领子的前、后宽,驳头的长与宽,袖肥、袋大及袋位等。因此,在规格系列推板工作中,应当审慎对待各配属规格的系列的配合问题。

2) 规格系列及档距

在同批产品中,各个号型由小到大的系列区别,是由各同一部位由短到长或由瘦到肥的系列差距的总和所决定的,并具体表现在每一部位的系列差数上。同一部位系统排列的相互之间的差数为档距。不同部位各有其独自的档距排列。而同一部位的档距,虽然一般都是相同的,但也有不均等的。凡是一套规格系列中,所有部位的规格是均衡地增减,档距都相等,即为完全规格系列,如衣长、胸围;凡是有一个或几个部位的档距不完全相等,即为不完全规格系列。

推板工作中首要的一环是计算档距。在档距计算中,主要部位的成品规格易于进行,求出各号型之间的差数就可以了,但各配属部位的规格,多无现成数据,就需要按照结构制图的原理与方法求取,并须保持与母板造型一致。一般的方法是先按母板中该部位的原计算公式计算出最大与最小两端号型的数值,再把其中各个号型以均值档距排列就可以了。

3) 档距分配

对于一套规格系列,在计算档距、分析性质后,可用于放缩推板。按档距放缩,一般不是直接地把档距数在该部位的一个方向进行放缩,而多是区别部位进行不同方向地分配,或上、下两方分配,或前后、左右两侧分配,使档距数合理地分布在样板中,达到放缩后的样板与号型的规格完全相符,与母板的造型基本相同。

3.2 推板的要求及方法

3.2.1 推板要求

(1) 把各部位的档差合理地进行分配,根据需要放缩。使放缩后的规格系列样板与标准母板的造型、款式相似或相同。

(2) 在放缩样板时,根据各部位的规格档差和分配情况,只能在垂直或水平的方向上取点放缩,而不能在斜线上取点为放缩的档差。

(3) 某一部位的档差分配在几个缝头(部位),则这几处放缩的档差之和,等于该部位总档差。

(4) 相关联的两个部位(如肩高档差和袖窿深档差,领口深档差与袖窿深档差)在放缩推移时如果方向相反,则档差大的部位按档差数值放缩,档差小的部位放缩值,则为两个部位档差之差。放缩方向和档差大的部位方向一致。

(5) 某些辅助线或辅助点如腰节高、袖肘线、中裆线等,也需要根据服装的比例推移、放缩。但这些辅助部位的放缩值不能加在部位总档差的"和"内。

3.2.2 推板方法

推板方法有推画法和推剪法两种。

1) 推画法

用推画法推板,是对标准母板的每一衣片分别先按母板各线条准确地拓画出来,然后在这同一图面上,根据计算出的各部位档距及其分配数值,逐部位地依次推移放缩,画出各个号型的衣片轮廓、线条,显示为同一衣片由小到大层次错落的"一图全号"图面;再以此作为"底板",按各个号型,依次把样板纸铺在"底板"下面,用点线器或锥子等工具,按各个号型的样板轮廓线及省、褶、口袋等位置线条轧印或锥孔,再按轧印或锥孔进行画线连接与标记,打制成裁剪样板。各衣片、部件的各个号型拓画齐全,即得整套样板。

对于在衣片周边确定何处为固定不动的推画基准点,由于各衣片的放缩基准点的选位不同,所以推画基准点就有所不同。

(1) 推画基准点的选位

各衣片的推画都是以各号型差数档距逐部位地按层次排列画放缩量,但在图面中,总有一点是串连各层号型的固定坐标心点,成为统一由此向外推移放缩的基准点。各衣片都可有多种不同的基准点选位。如以简单的正方形为例:可以一角为基准点,制约两边平齐地向对边推移放缩,见图3-1①;也可选在一边的中点为基准,向对边推移放缩该档距长,而向两侧各推移该档距之半,见图3-1②;又可以中心为基准点,向四周放缩各自档距,见图3-1③;还可在图中任一处选定基准点,而各自按合理分配的档距数放缩,见图3-1④、⑤。

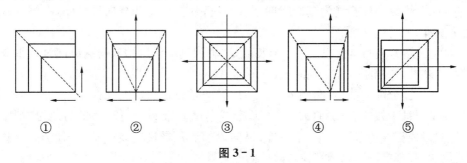

图3-1

由此可见,每一衣片在一张图面上集中显示出由小到大的全套规格系列的图样,可有多种不同的摆置形式,而决定的因素是推画基准点的定位。

同部位的不同档距及不同的分配要求,可根据放缩推画基准点的不同选择。但并非任意指定,而应从合于人体型的变化规律,利于确切保持服装结构、造型的形式特征,便于放缩推画的进行及图面一目了然的显示等方面权衡选优,服装的各衣片选择推画基准点可从三个方面考虑。

① 简单地从衣片纵向长度的上、下与横向宽度的前、后,选定一边为基准线,并向另一边放缩档距,简称为"单向放缩"。如前衣片纵向以上平线或底边为基准线,其身长的各号档距都向对边推画而全部显示;在底边或肩缝一边,其中的落肩、领口深、袖窿深、腰节、袋位等,也都按各自的档距向同一方向推移放缩,若横向基准选在门襟上口线或摆缝一侧,则前

胸围也是对向摆缝或门襟止口一边按档距推画。其中领口宽、胸宽、肩宽省位等，也都同向一侧放缩推画。

② 对各衣片的主要长、宽规格按造型因素考虑档距分配。凡衣片纵长的上部与下部、横宽的前部与后部各有型变时，可从中选定相宜的分界部位为基准线，并合理分配档距，向上、下或前后两边推画，称为"双向放缩"。如在衣片纵向的身长中，可考虑以袖窿深一侧的胸围横线或腰节线为基准；袖片的袖长中，可考虑选以袖根线或袖肘线为基准；裤片的裤长，可从用臀围、横裆、中裆各线中选定基准线等。如横向考虑前衣片胸围，可以袖窿的胸宽直线为基准；大袖片可以前偏袖线或袖中线为基准，裤片可以前、后烫迹中线或者前缝、后臂宽线为基准等。

③ 从便于准确推移拓画方面考虑。由于各衣片的轮廓线条既有平缓直线，也有各种弯曲弧线，故基准线尽量选在曲边、弧线部位，以保持这些部位各号型的一致性。如前衣片作单向放缩，从纵向无论选定上平线或底边为基准，袖窿较难推画，而横向也是如此。如作双向放缩，取袖窿深的胸围横线与胸宽直线为纵、横基准线，虽然须向两方推画，却能稳定地保持袖窿的前下半圈不移动变形，而若选腰节与省道为纵、横基准，袖窿等其他部位都须推移变动，显然是不可取的。

(2) 推画方法区别

综上所述，推画法的关键在于档距放缩基准点的选定，它决定着具体推画方向、方法的区别，虽然各衣片都可有多种不同的定位与相应的不同放缩画法，但常见的方法主要有以下两种。

① 单向放缩为主的推画法。用于上装的主要是"中上基准法"，即衣身的横向是以人体中线的前襟与背缝或背中折线为基准线，各向摆缝放缩；纵向则以上平线为基准线向下推画；袖片也以上平线与底袖缝或外袖缝为纵、横基准线，各向对边推画。用于下装的主要是"侧上基准法"，即纵向以腰缝为基准线向下放缩；裤片横向由侧缝向里推画，由侧缝或者前后中线为基准，向对边推画。

② 双向放缩为主的推画法。用于上装的是"胸腋基准法"，即衣身的纵向是以袖窿深的胸围横线为基准，按档距分配分别向上、下放缩；横向则是前片以胸宽直线，后片以背宽直线为基准，各按档距分配向前、后两侧推画。袖片纵向是以袖山深的袖根横线为基准作上、下放缩；横向是以袖中线或者前偏袖线为基准线向两侧推画。用于裤子的则为"裆中基准法"，即纵向以横裆线为基准向上、下放缩，横向以前后片烫迹中线为基准，分别向裤片两侧推画；或用"裆臀基准法"，以横裆线与前后裆的臀宽线为前后片的纵横基准，分别向上、下与两侧放缩（由于前片的小裆宽一般很少调变，故前片主要是向外侧推画）。

③ 可采取单向放缩与双向推画结合的方法。如上装的衣身用双向的"胸腋基准法"，而大、小袖片的横向，则用底袖缝为基准作单向放缩；裤片在腰缝作纵向单向放缩，横向却以烫迹中线作双向推画。当然，无论选位在何处，采用何种推画，都应达到档距放缩准确无误、图样轮廓保持一致的目的。

2) 推剪法

推剪法是规格系列推板的另一种方式。它不同于推画法的两步成型，不需先推画全号型"底版"，再逐个拓画、剪制样板。它是叠罗全号型的样板用纸，逐部位地推移档距层次并同时剪出全号的各层，直接剪制出全号型的样板。

推剪法适合投产批量较小的品种及款型变化较快的花色品种。

(1) 推剪法的基本方式

用推剪法推板,首先把标准用板置于表层之底,然后沿母板轮廓的周边,依据部位的长短与形状,按各自档距分配准确地推移出各号型。这样逐边、逐段地边推、边剪,并对样板内的有关部位线条作出标画。当周边推剪完毕,该衣片各个号型的样板也就同时剪出来了。

推剪法在形式上无需事先对衣片选定样板放缩的基准线。但逐段推档与齐剪的过程,又正是逐段选定基准线的过程。推剪法的基准线以较平直的边缘为好,而弧形曲边或折角部位,则需分段错动档距方位,寻取可上、下串连的较短小的基准线段,作多次推剪。以较简单的几何图形为例,如图3-2所示,周边的三个折角虽角度各不相同,但皆由直边构成,并且各自的各号型角度相同,所以可分别为基准点,分向两侧边剪齐一段,见图3-2中的①、②、③所示;而另一圆角则因各号型片的圆度不等,就需从两侧不同方位推移错档,分段寻取可齐剪的基准条件,见图3-2中的④、⑤所示。这样需经5次不同的错档,并向8个方位推剪方能完成。

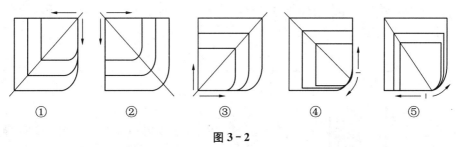

图3-2

当然,服装各衣片的形状比上述实例复杂得多,故推剪程序与放缩操作较为繁琐,同一部位的档距,因推剪方位的不同变换,需要随时作不同的分配计算与准确的层叠摆置操作,才能达到保证全套样板符合规格要求。这就要求操作者必须准确、娴熟地掌握各部位的档距及其不同方位的分配计算,并在不断地实践过程中,逐步提高推档操作的熟练技巧。

(2) 推剪要点

① 首先分析各部位成品的规格与配属规格系列,并区别服装品种与款型要求,按其具体的结构、造型准确计算分配各衣片档距。

② 按产品的号型数量准备样板纸,样板纸的长、宽要大于最大的号型。

③ 母板置于表层。由于母板一般取中间号型,故在每次错动档次时,都把其中母板号型的一档空出。

④ 推移各层样板,主要是作竖直或水平方向平行错动,并注意各层摆正,各档距起止一致。但在同一衣片边缘中有不同档距环节,如肩缝上的身长与落肩、外袖缝的袖上肥与袖口肥。再有对一些弧弯部位的分段推剪如袖窿、袖山等,则多需倾斜的调节理齐其下剪的基准边线。

⑤ 各衣片轮廓的边缘都有近同的平直边与不同的弯曲边之分。凡以平直边为推档基准,皆可一次剪成,但多数弧形曲边,由于长度不等,不能一次裁剪,需分段选定推档基准依次裁剪成型。

⑥ 对于一些弯边,尤其是较长较缓的弧边,如上衣的摆缝、背缝、撇胸门襟、底边、袖窿弯边、底袖缝、外袖缝、大袖的袖山弧边与小袖底弯边、下衣的侧缝、下裆缝、后裆缝等,除了可分段推剪外,还可在确定其起止点后,逐片画线剪出,但应相互比照邻近号型的样板画剪。一般

可先用母板比画,剪出其前、后相邻号型的样板,再依次分别比照画剪其余各号型样板。

⑦ 各衣片中需要辅助线标位的省道、褶裥以及口袋等,应在推剪过程中,用锥子扎眼定位,再逐片按锥眼画线定位。

⑧ 推剪法用于各衣片推板,虽无操作程序上的严格规定或要求,却也有便于操作的一般方法。一般为先平直边后斜弯边;先长度后宽度;先下边后上边;先长边后短边;先两端定位、后剪通中间等一般规律性的操作次序。

⑨ 推剪法需频繁地变动下剪的基准线段,因而需相应变换放缩档距的方法及其不同分配。故应注意各部位档距推移错动的准确性。

3.3 推板常用符号

服装工业推板符号与服装制图符号不同,它具有明显的方向性,这是在推板时应着重注意的一点,如表3-1,是本书所使用的推板符号,其目的是为了整体统一、规范,便于识别样板。

表3-1 推板符号

符 号	名 称	用 途
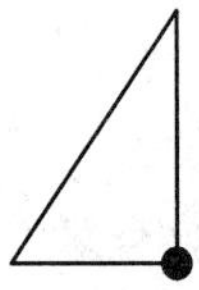	坐标基点	推板时的固定点,其他点扩缩时都以此点为坐标
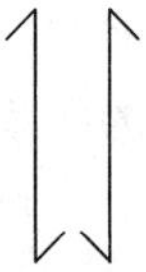	纵向标识	箭头在右侧为放大标识 箭头在左侧为缩小标识
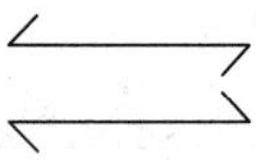	横向标识	箭头在上方为放大标识 箭头在下方为缩小标识
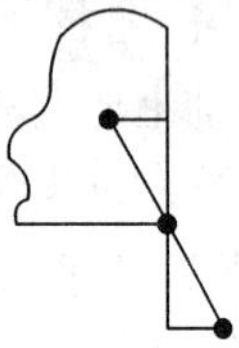	扩缩点放大图样	为了视觉需要,把原来需要扩缩的点放大,锯齿边与两直角边所构成的图形表示衣片部位
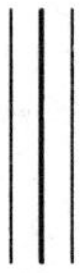	扩缩轮廓线	中间粗线是母板的轮廓线,两边的细线是放大或缩小的轮廓线

4 典型款式的制板与推板

4.1 下装的制板与推板

4.1.1 西服裙

西服裙分一前片和两后片,前片共有四个省,前中心有一暗裥,每个后片有两个省,后中装拉链,后开衩,使用全里子,里子下摆悬空。西服裙的规格尺寸及图示说明见表4-1,西服裙的工艺要求及缝制工艺说明见表4-2。

表4-1 西服裙的规格尺寸及图示说明　　　　　　　　　　单位:cm

合约号	04NMKC2681	款号	2621136A	品名	西服裙
规格尺寸					
部位 \ 号型		155/64A	160/66A	165/68A	档差
腰围	W	66	68	70	2
臀围	H	92.2	94	95.8	1.8
腰臀深	WHL	19.5	20	20.5	0.5
裙长	L	57.5	60	62.5	2.5

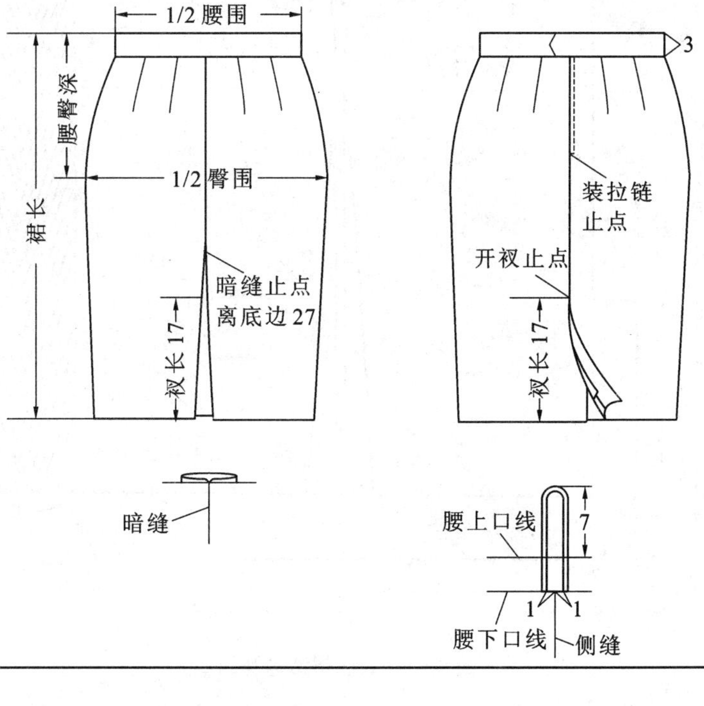

表4-2 西服裙的工艺要求及缝制工艺说明　　　　　　　　　　　单位:cm

用衬部位	腰面、腰里、衩位						
辅料数量	拉链	风纪扣	丝带	洗涤标	吊牌	款号贴纸	胶带	薄纸
	15 cm 1根	1副	22 cm 2根	1只	1个	1只	1个	1张
工艺要求	1. 缝线不起皱,松紧一致,针距密度对称,回针牢固。 2. 撬边不暴针。 3. 压衬注意温度、牢度,粘衬不反胶。 4. 不允许烫极光,不能有污迹线头,钉钮牢固。 5. 规格正确。 6. 拉链先预缩,封口扎实。 7. 套装顺号码10件(条)一捆,配套生产包装。							
缝制工艺说明	1. 面:侧缝、后中缝缉1.5 cm分开缝;里:侧缝缉1.2 cm烫0.3 cm坐势向前倒,后中缝缉1.2 cm烫0.3 cm坐势向右倒。 2. 面前后片上口收省,止口向侧倒;前后片里褶裥向侧倒。 3. 后中装拉链,拉链净长15 cm,齿距腰下口0.5 cm,下齿固定,拉链里压缉0.1 cm止口,里角角方,拉链拉合顺畅。 4. 后中开衩向左倒,衩长17 cm,衩叠4 cm。上口暗封实,衩下口不反吐,下口用白线X字手工明封实。前中阴裥缝缝,长度离底边27 cm。 5. 绱腰里侧缝里口装丝带,缝缉左右各1 cm夹放,丝带伸出10 cm。 6. 裙底折边4 cm,里底三折边1 cm,距边2 cm,在侧缝处用线袢使里子折边与大身面料的折边牵连。里角手撬三角针3 cm 5只角。 7. 针距:平缝3 cm 13针,拷边3 cm 14针。 8. 洗涤标位:左侧腰里向前5 cm夹放。 9. 后中腰头钉风纪扣一副,右腰头钉钩子。 10. 整烫:注意极光,各部位烫平不起皱。							

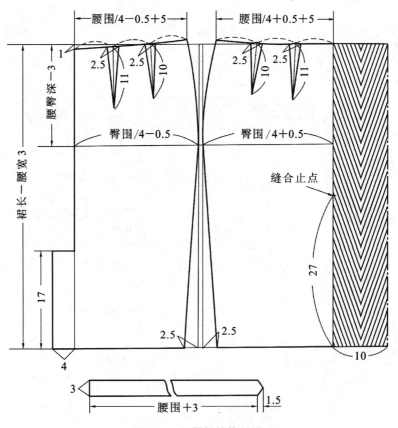

图4-1　西服裙结构制图

1）西服裙工业制板

西服裙制图采用中间号型 160/66A,腰围加放松量 2 cm,臀围加放松量 4 cm。结构制图见图 4-1。在西服裙净样的基础上,四周加上缝份,在需要标位处打剪口,在省尖点处打孔定位,完成西服裙的面布样板见图 4-2 所示,里布样板见图 4-3 所示。

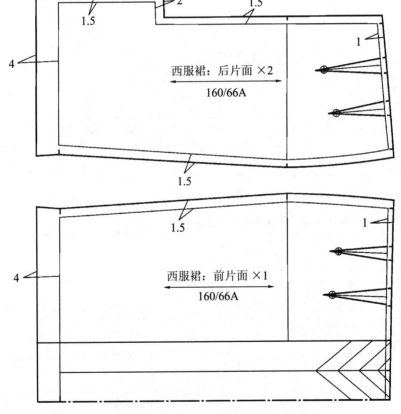

图 4-2 西服裙面布样板

2）西服裙工业推板

选取中间号型规格样板作为标准母板,选定裙片前后中心线作为推板时的纵向公共线,臀围线作为横向公共线,在标准母板的基础上推出大号和小号标准样板。各部位档差及计算公式见表 4-3。西服裙前片推板见图 4-4 所示,西服裙后片推板见图 4-5 所示,西服裙腰头及腰衬的推板见图 4-6 所示。

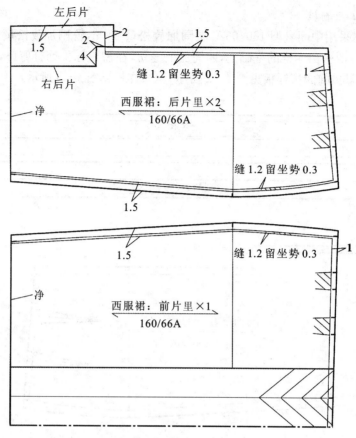

图4-3 西服裙里布样板

表4-3 西服裙各部位档差及计算公式

部位名称		部位代号	档差及计算公式			
			纵档差		横档差	
前裙片	前中心基础线	C	0.5	腰臀深档差0.5	0	由于是公共线,C=0
		F、H	2	长度档差2.5-腰臀深档差0.5	0	由于是公共线,F=H=0
	腰节线	A	0.5	腰臀深档差0.5	0	暗裥的大小不变,A=0
		M、N	0.5	腰臀深档差0.5	0.17	此点距离A点的尺寸是净腰围的1/3
		O	0.25	省长约为腰臀深的1/2		同M、N点
		P、Q	0.5	腰臀深档差0.5	0.33	此点距离A点的尺寸是净腰围的2/3
		R	0.25	腰臀深档差0.5/2		同P、Q点
		B	0.5	腰臀深档差0.5	0.5	腰围档差/4
	臀围线	D	0	由于是公共线,D=0	0	由于是公共线,D=0
		E	0	由于是公共线,E=0	0.45	臀围档差/4
	裙摆线	G、I	2	长度档差2.5-腰臀深档差0.5	0.45	臀围档差/4

续表 4-3

部位名称		部位代号	档差及计算公式			
			纵档差		横档差	
后裙片	腰节线	A	0.5	腰臀深档差 0.5	0	暗裥的大小不变,A=0
		M、N	0.5	腰臀深档差 0.5	0.17	此点距离 A 点的尺寸是净腰围的1/3
		O	0.25	省长约为腰臀深档差的1/2		同 M、N 点
		P、Q	0.5	腰臀深档差 0.5	0.33	此点距离 A 点的尺寸是净腰围的2/3
		R	0.5	腰臀深档差 0.5		同 P、Q 点
		B	0.5	腰臀深档差 0.5	0.5	腰围档差/4
	臀围线	D	0	由于是公共线,D=0	0	由于是公共线,D=0
		E	0	由于是公共线,E=0	0.45	臀围档差/4
	裙摆线	G、I	2	长度档差 2.5－腰臀深档差 0.5	0.45	臀围档差/4
		F、H	2	同 G、I	0	裥宽不变,F=H=0
	衩位	K、L	1	(长度档差 2.5－腰臀深档差 0.5)/2	0	衩宽不变,K=L=0

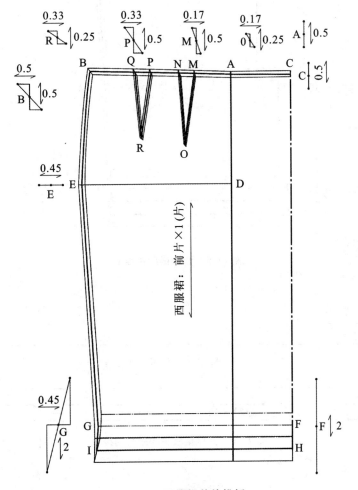

图 4-4 西服裙前片推板

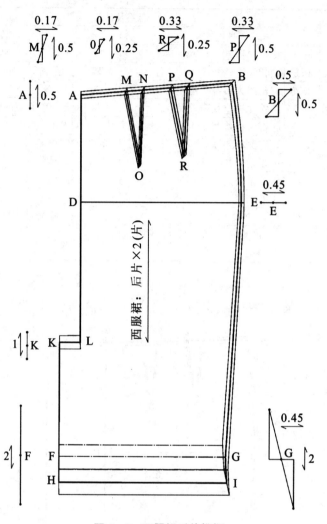

图 4-5 西服裙后片推板

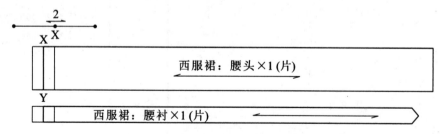

图 4-6 西服裙腰头和腰衬的推板

4.1.2 牛仔裤

牛仔裤没有男女区别,应用也非常广泛。款式特点:低腰、紧身、后裤片左右各有一贴袋,装铜扣、皮标签,面料坚固、结实。牛仔裤的规格尺寸及图示说明见表4-4,牛仔裤的工艺要求及缝制工艺说明见表4-5。

表4-4 牛仔裤的规格尺寸及图示说明 单位:cm

合约号	05LMC3683	款号	455667A	品名		牛仔裤
控制部位规格尺寸							
号型 部位		代号	155/64A	160/66A	165/68A	档差
腰围		W	66	68	70	2
臀围		H	92.2	94	95.8	1.8
直裆		BR	24.5	25	25.5	0.5
裤长		L	97	99	101	2
中裆			18	18.5	19	0.5
下口			21	21.5	22	0.5

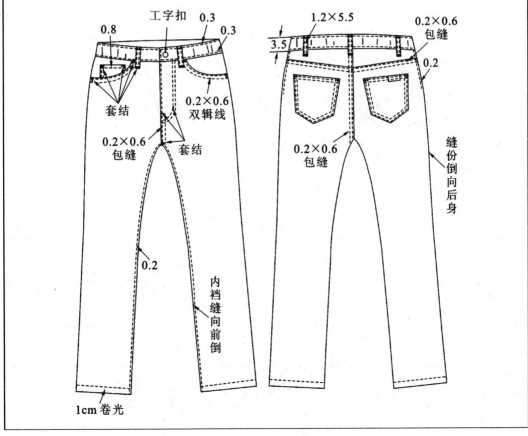

续表 4-4

合约号	05LMC3683	款号	455667A	品名	牛仔裤

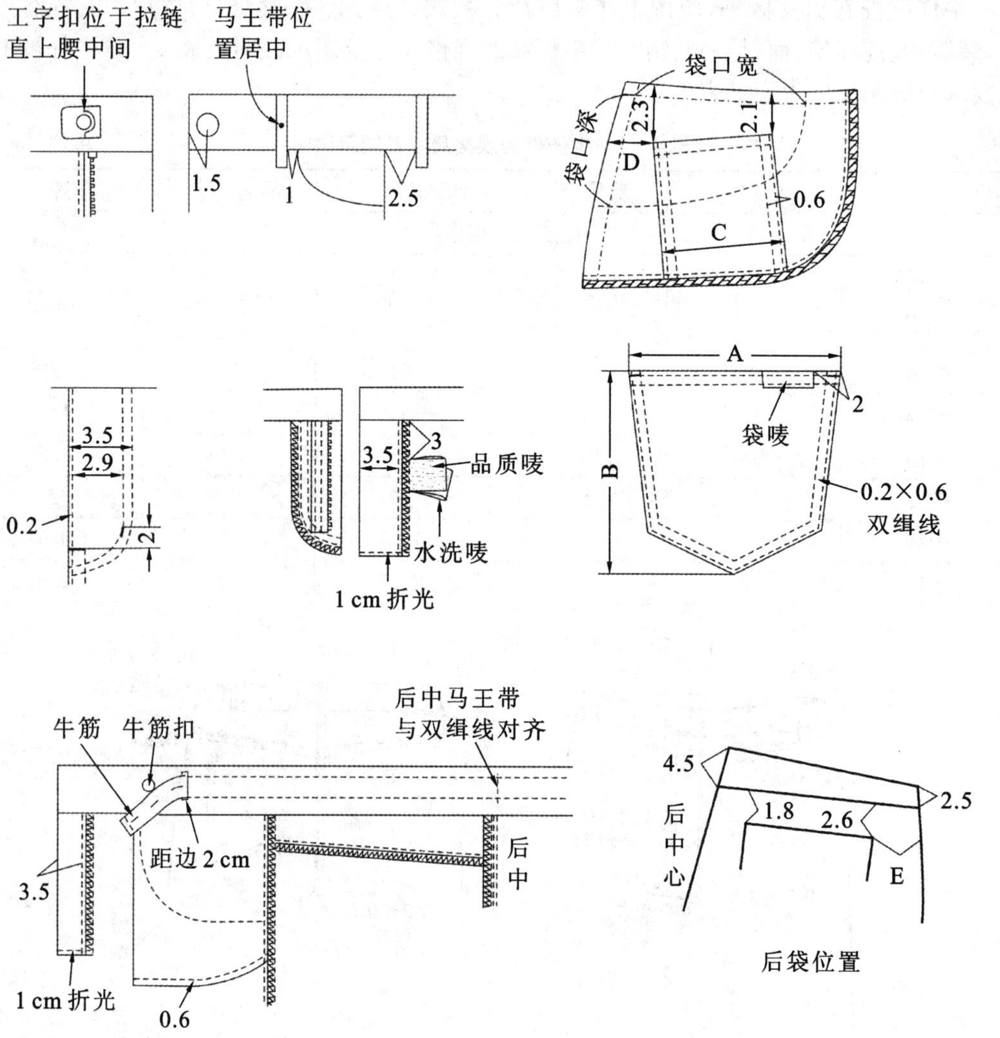

工字扣位于拉链直上腰中间
马王带位置居中
1.5
1
2.5
袋口宽
袋口深
2.3
2.1
D
0.6
C
A
2
袋唛
B
0.2×0.6
双缉线
3.5
2.9
0.2
2
3
3.5
品质唛
水洗唛
1 cm 折光
后中马王带与双缉线对齐
牛筋
牛筋扣
距边 2 cm
3.5
1 cm 折光
0.6
后中
4.5
2.5
后中心
1.8
2.6
E
后袋位置

细部规格尺寸

部位 \ 号型	155/64A	160/66A	165/68A	档差
袋口宽	10	10.5	11	0.5
袋口深	6	6.5	7	0.5
A	12	12.5	13	0.5
B	12.5	13	13.5	0.5
C	6.5	6.5	6.5	0
D	3.5	3.7	3.9	0.2
E	3	3	3	0
牛筋长	62	64	66	2

表 4-5 牛仔裤的工艺要求及缝制工艺说明　　　　　　　　　　单位：cm

面料	纯棉斜纹牛仔布							
辅料	拉链	工字扣	牛筋	水洗唛	吊牌	尺码唛	牛筋扣	袋唛
数量	10 cm 1 根	1.5 cm 1 个	64 cm 1 根	1 只	1 个	1 只	1 cm 1 个	1 个
缝制工艺说明	1. 三卷小表袋缉 0.8 cm 单线，装表袋 0.2＋0.6 cm 双线；袋垫布拷边，绱袋垫布底线换袋布同色线，合翻袋布缉线 0.6 cm，上袋口缉 0.2＋0.6 cm 双线，袋布不能反吐。 2. 门襟净宽 4.5 cm，绱门襟缉边止口明线 0.2 cm，转门襟 2.9＋3.5 cm 双线，绱里襟拉链缉单线 0.2 cm，嵌品质唛和水洗唛，里襟净宽 3.5 cm，机滴拷边缝头；拼前档缝，左前片缉 0.2＋0.6 cm 双线。 3. 拼接后育克，包缝，缝头倒向裤大身，缉 0.2＋0.6 cm 双线；后袋口三卷边缉 0.2＋0.6 cm 双线，嵌放袋唛，装后袋缉 0.2＋0.6 cm 双线；拼后档，包缝，左后片缉 0.2＋0.6 cm 双线，育克接头要齐。 4. 拼档缝，后片缉 0.2 cm 单线，13 cm 长，下口回针。 5. 里档缝用五线向后身拉缝，前身缉 0.2 cm 单线，十字缝要对齐。 6. 腰净宽 3.5 cm，后腰里居中钉商标，腰中装牛筋。 7. 机缝裤绊 1.2 cm 宽，盖腰，四周缉线 0.2 cm，后中裤绊双明线对齐裤身双明线，封裤绊 5.5 cm＋0.3 cm 松度，上下明封。 8. 脚口三卷 1 cm 宽，注意要顺直。 9. 锁钉：腰头打圆头带尾眼，内径 2.1 cm 1 只，里襟冲扣，不可转动，前袋、小表袋冲 6 粒撞钉。 10. 套结：门襟 2 个，前档底 1 个；后袋横 4 个，0.6 cm 大。 11. 裤绊 5 个，1.2 cm 宽。 12. 针距：明线 3 cm 10 针，暗线 3 cm 12 针，拷边线 3 cm 12 针；机针 14＃；用撞色线。							

1) 牛仔裤工业制板

牛仔裤制图采用中间号型 160/66A，腰围加放松量 2 cm，臀围加放松量 4 cm。结构制图见图 4-7 所示。在牛仔裤净样的基础上，四周加上缝份，在需要标位处打剪口，在省尖点处打孔定位，完成牛仔裤的样板见图 4-8 所示。

2) 牛仔裤工业推板

选取中间号型规格样板作为标准母板，选定裤片前后挺缝线作为推板时的纵向公共线，横档线作为横向公共线，在标准母板的基础上推出大号和小号标准样板。各部位档差及计算公式见表 4-6。牛仔裤前片推板见图 4-9 所示，牛仔裤后片推板见图 4-10 所示。

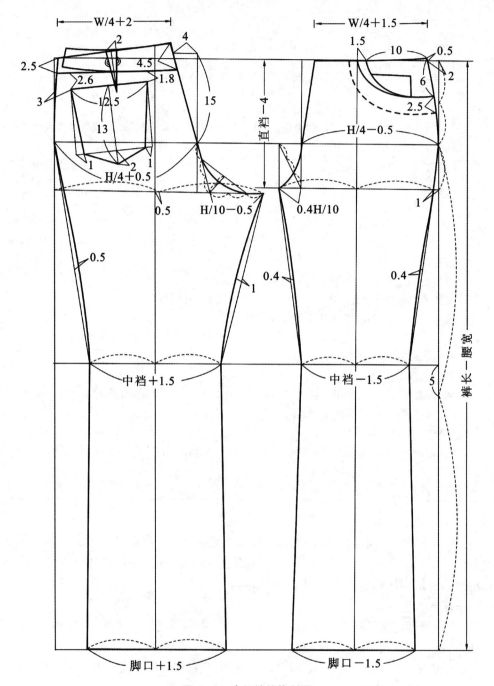

图 4-7 牛仔裤结构制图

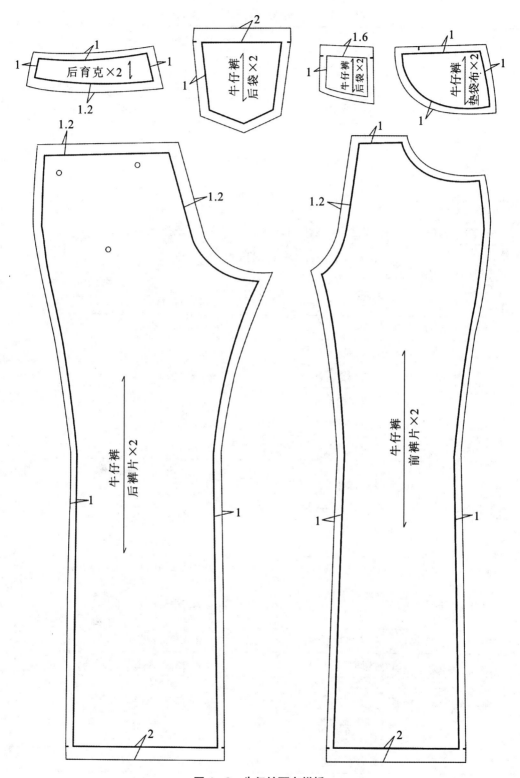

图4-8 牛仔裤面布样板

表 4-6　牛仔裤各部位档差及计算公式　　　　　　　　　　　　　单位:cm

部位名称		部位代号	档差及计算公式			
			纵档差		横档差	
前裤片	腰节线	A	0.5	同直档档差	0.2	(腰围档差2÷4)÷2-0.05
		B、N	0.5	同直档档差	0	由于在公共线上,B=N=0
		O	0.5	同直档档差	0.3	(腰围档差2÷4)÷2+0.05
	前袋口	C、P	0	直档深档差0.5－袋口深档差0.5	0.3	同腰节线上O点
	臀围线	D、E	0.17	直档深档差0.5÷3	0.2	(臀围大档差1.8÷4-0.05)÷2
	横档线	F、G	0	由于是公共线,F=G=0	0.2	横档档差(1×2/5)÷2
	中档线	H、I	0.66	(裤长下档差1.5－臀围档差0.17)÷2	0.25	中档档差0.5÷2
	裤口线	J、K	1.5	裤长档差2－直档档差0.5	0.25	裤口档差0.5÷2
	门里襟	M、L	0.5	同直档档差	0	横向不放缩
	表袋	Q	0.5	同直档档差	0	横向不放缩
后裤片	腰节线	A	0.5	同直档档差	0.35	(腰围档差2÷4)÷2+0.1
		C	0.5	同直档档差	0.15	(腰围档差2÷4)÷2-0.1
	育克分割线	A₁、A₂	0.5	同直档档差	0.35	同腰节线A
		C₁、C₂	0.5	同直档档差	0.15	同腰节线C
	臀围线	D	0.17	直档深档差0.5÷3	0.3	(臀围大档差1.8÷4+0.05)÷2+0.05
		E	0.17	直档深档差0.5÷3	0.2	(臀围大档差1.8÷4+0.05)÷2-0.05
	横档线	F、G	0	由于是公共线,F=G=0	0.3	横档档差(1×3/5)÷2
	中档线	H、I	0.66	(裤长下档差1.5－臀围档差0.17)÷2	0.25	中档档差0.5÷2
	裤口线	J、K	1.5	裤长档差2－直档档差0.5	0.25	裤口档差0.5÷2
	贴袋	M、M₁	0.4	袋深档差0.5-0.1	0.25	袋口大档差0.5÷2
		N、N₁	0	由于在公共线上,N=N₁=0	0.25	袋口大档差0.5÷2
		O	0.1	袋深档差0.5-0.4	0	由于在公共线上,O=0
腰		P	0	纵向不放缩	2	同腰围档差2

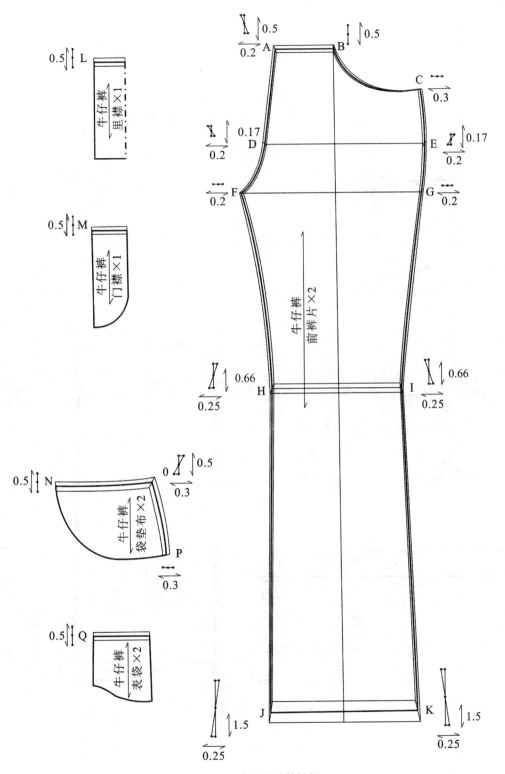

图 4-9 牛仔裤前片推板

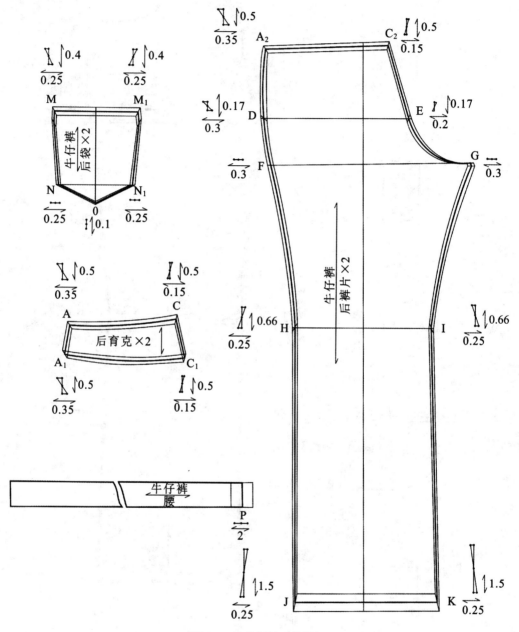

图 4-10 牛仔裤后片推板

4.2 衬衫的制板与推板

4.2.1 普通女衬衫

此款女衬衫分两前片、一后片,两袖片,袖口处收无规则细褶裥,连翻领,前片腋下及腰间收省,后片收肩背省及腰间省,右门襟五个扣眼。普通女衬衫的规格尺寸及图示说明见表4-7,普通女衬衫的工艺要求及缝制工艺说明见表4-8。

表4-7 普通女衬衫的规格尺寸及图示说明　　　　　　　　　单位:cm

合约号	04NMKC2681	款号	2621136A	品名	普通女衬衫
规格尺寸					
部位 \ 号型		155/80A	160/84A	165/88A	档差
衣长	L	62	64	66	2
胸围	B	94	98	102	4
肩宽	S	39	40	41	1
领围	N	35	36	37	1
袖长	SL	51	52.5	54	1.5
袖口围	CF	19.2	20	20.8	0.8
背长	BL	39	40	41	1

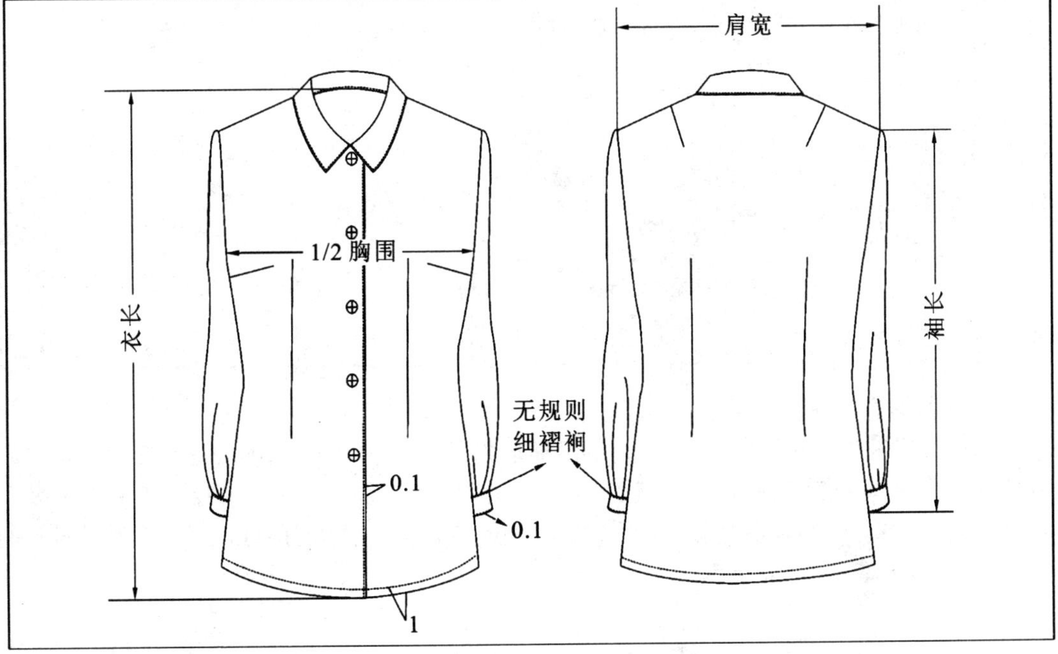

表4-8 普通女衬衫的工艺要求及缝制工艺说明　　　　　　　单位:cm

用衬部位	挂面、领底、袖头			
辅料	无纺衬	扣	洗涤标	吊牌	款号贴纸
数量	50 cm 1条	8个	1只	1个	1只
工艺要求	1. 明线宽窄一致,衣片不起链,无漏针。 2. 领面部位不允许跳针、跳线,其他部位30 cm内不得有两处单跳针。 3. 压衬注意温度、牢度,粘衬不反胶。 4. 领子两端对称等长,有窝势,翻领不反吐。 5. 不允许烫极光,不能有污迹线头,钉钮牢固。 6. 规格正确。 7. 衣片及袖片开衩平服,无毛漏,丝缕方向符合要求。 8. 套装顺号码10件(条)一捆,配套生产包装。 9. 袖山无褶皱,装袖圆顺,袖口、底摆及袖底十字缝对齐。 10. 扣与扣眼相吻合,扣眼针码密度适中,拉线松紧一致。				
缝制工艺说明	1. 缝制标记:腋下省、挂面宽、叠门宽、底边贴边、肩省、对肩刀眼。 2. 腋下省向袖窿烫倒,后肩省向领口烫倒。 3. 前后肩缝、侧缝、袖缝双层合在一起包缝,缝份倒向后侧。 4. 袖口开衩滚条宽3.5～4 cm,长度为开衩长度的2倍,滚条边缘缝0.1 cm明线,倒向前袖一侧。 5. 扣眼锁在右门襟上,开口方向横向,扣位于左门襟上。 6. 下摆折边2 cm,两次翻折扣净至0.8～1 cm,沿折边缝0.1 cm下摆明线。 7. 针距:平缝3 cm不低于13针,拷边3 cm 14针,锁眼每1 cm 11～15针,钉扣每眼不低于6根线。 8. 洗涤标位:右侧缝处距底摆15 cm夹放。 9. 款号标位:在领口中间处夹放。 10. 备扣:左侧门襟反面距底摆12 cm钉放。 11. 整烫:注意极光,各部位烫平不起皱。				

1) 普通女衬衫工业制板

该款制图采用中间号型160/84A,胸围加放松量10～14 cm,领围加放松量2 cm,总肩宽加放1.5～2 cm左右,衣长按总体高的40%计算,袖长加放3 cm左右。结构制图见图4-11、图4-12。在净样的基础上,四周加上缝份,在需要标位处打剪口,完成普通女衬衫的样板见图4-13、图4-14所示。

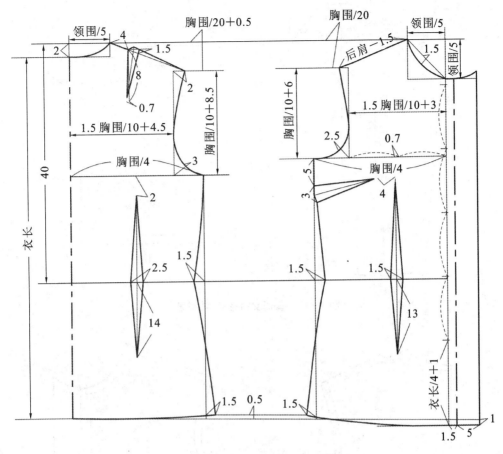

图 4-11 普通女衬衫衣身结构制图

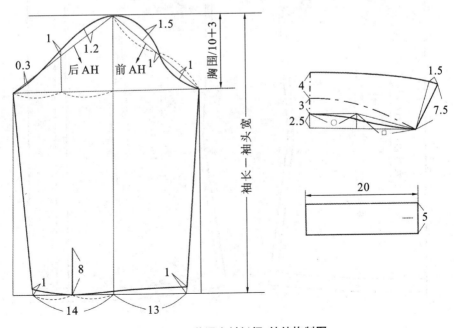

图 4-12 普通女衬衫领、袖结构制图

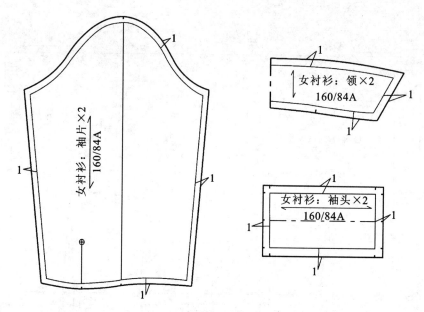

图 4-13 普通女衬衫领、袖样板图

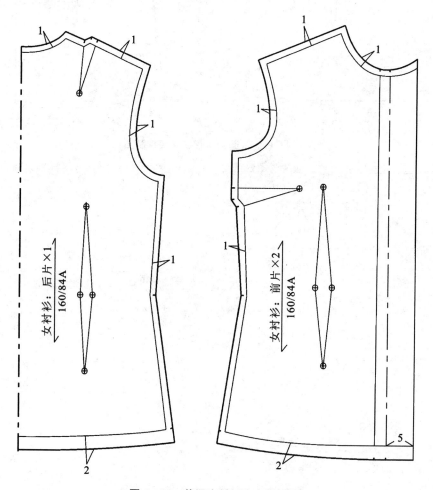

图 4-14 普通女衬衫大身样板图

2) 普通女衬衫工业推板

选取中间号型规格样板作为标准母板,选定衣片前、后中心线、袖中线作为推板时的纵向公共线,胸围线、袖山高线作为横向公共线,在标准母板的基础上推出大号和小号标准样板。各部位档差及计算公式见表4-9。普通女衬衫推板见图4-15、图4-16、图4-17所示。

表4-9 普通女衬衫各部位档差及计算公式　　　　　　　　　　单位:cm

部位名称		部位代号	档差及计算公式			
			纵档差		横档差	
前衣片	小肩线	D	0.7	袖窿深档差。2/10×胸围档差4−0.1	0.2	领宽档差。1/5×领围档差1
		E	0.5	袖窿深差0.7−肩斜档差0.2（胸围档差4的5%）	0.5	肩宽档差1的1/2
	前中心线	A=B=C	0.5	袖窿深差0.7−领深档差0.2	0	由于是公共线,A=B=C=0
		L	1.3	衣长档差2−袖窿深差0.7	0	由于是公共线,L=0
	侧缝线	G	0	由于是公共线,G=0	1	1/4×胸围档差4
		J	0.3	腰节长档差1−袖窿深差0.7	1	同G点
		K	1.3	衣长档差2−袖窿深差0.7	1	同G,J点
		H、H'、H"	0	省尖靠近公共线且是定数,保证各档样板省位置、长短相同	1	同G,J,K点
	腰省	I	0	原理同H、H'、H"点	0.3	1/2×胸宽档差0.6(1.5/10×胸围档差4)
		I'	0.3	同J点	0.3	同I点
		I"	0.4	纵向每个号型缩放0.4	0.3	同I,I'点
	胸宽线	F	0.15	1/3×(袖窿深差0.7−肩斜档差0.2)	0.6	胸宽档差。1.5/10×胸围档差4
后衣片	后小肩线	B	0.7	袖窿深差0.7	0.2	领宽档差。1/5×领围档差1
		D	0.5	袖窿深差0.7−肩斜档差0.2	0.6	小肩宽档差。1/2×肩宽档差1+0.1(调节冲肩大小)
		C'	0.7	同B点	0.2	同D点
		C	0.7	同B点	0.3	比C'点大0.1是调整肩的宽度
		C"	0.7	同C、C'点	0.3	1/2×背宽档差0.6
	后中心线	A	0.63	袖窿深差0.7−1/3×领宽档差0.2	0	由于是公共线,A=0
		I	1.3	衣长档差2−袖窿深差0.7	0	由于是公共线,I=0

续表 4-9

部位名称		部位代号	档差及计算公式			
			纵档差		横档差	
后衣片	侧缝线	F	0	由于是公共线,F=0	1	1/4×胸围档差 4
		G	0.3	同前片 J 点	1	同 F 点
		H	1.3	同 I 点	1	同 F、G 点
	腰省	J	0	原理同前片 H、I 点	0.3	1/2×背宽档差 0.6
		J′	0.3	同 G 点	0.3	同 J 点
		J″	0.4	同前片 I″ 点	0.3	同 J、J′点
	后背宽线	E	0.15	1/3×(袖窿深差 0.7－肩斜档差 0.2)	0.6	推放背宽档差,1.5/10×胸围档差 4
袖片	袖中线	A	0.5	1/10×胸围档差 4+0.1	0	由于是公共线,A=0
	袖山高线	D=E	0	由于是公共线,D=E=0	0.7	D、E 是对称点缩放袖子的肥度,1.5/10 胸围档差 4+0.1
	袖山弧线	B=C	0.25	1/2×袖山高度档差 0.5	0.35	1/2×袖子肥度档差 0.7
	袖口线	G=F	1	袖长档差 1.5－袖山高度档差 0.5	0.4	1/2×袖口肥度档差 0.8
		H′=H″	1	与 F、G 点是等高点,同 F、G 点	0.2	1/2×后袖口肥度档差 0.4
袖头	袖头长度	M	0	各档样板袖头宽度相等,只推长度方向	0.8	袖口肥度档差 0.8
领子	后领中心线	N	0	各档样板领子宽度相等,只推长度方向	0.5	领围档差 1 的 1/2

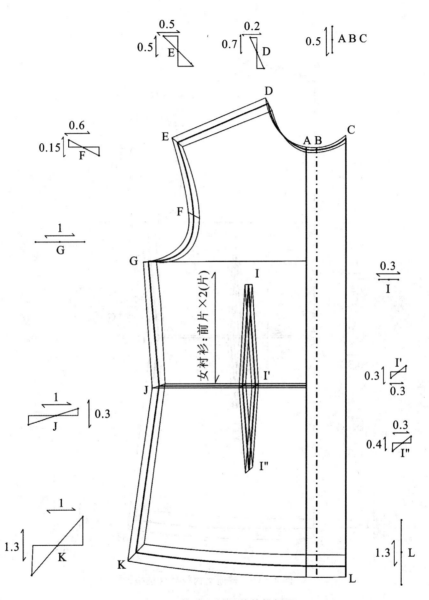

图 4-15 普通女衬衫前片推板图

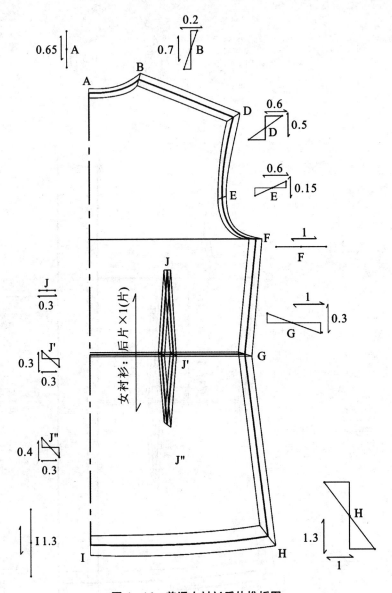

图 4-16 普通女衬衫后片推板图

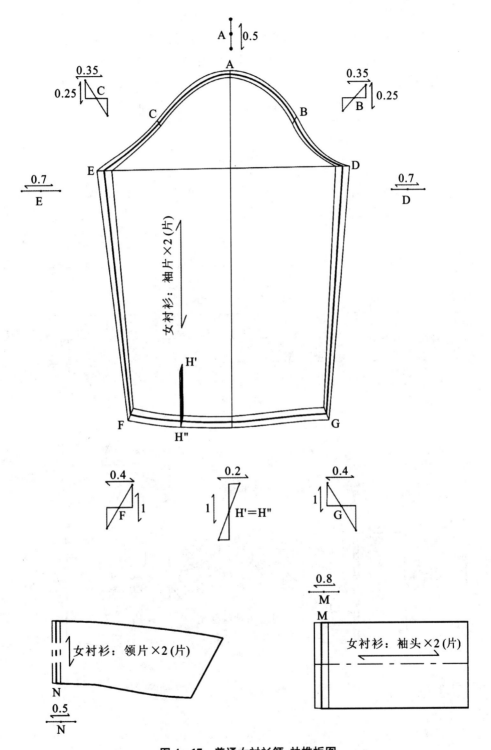

图 4-17 普通女衬衫领、袖推板图

4.2.2 男衬衫

男衬衫是男性的主要服装之一,本款为尖角翻立领,六粒扣,左前胸贴明袋一个,装双层过肩,后片两个褶裥,略收腰身,平下摆,装袖带圆头袖头,袖口宝剑型开衩两个褶裥。男衬衫的规格尺寸及图示说明见表 4-10,男衬衫的工艺要求及缝制工艺说明见表 4-11。

表 4-10 男衬衫的规格尺寸及图示说明　　　　　　　　　单位:cm

合约号	04NMKC2681	款号	2621136A	品名	男衬衫
规格尺寸					
号型 部 位		165/84A	170/88A	175/92A	档差
衣长	L	72	74	76	2
胸围	B	102	106	110	4
肩宽	S	44.4	45.6	46.8	1.2
领围	N	39	40	41	1
袖长	SL	57	58.5	60	1.5
袖口围	CF	23.2	24	24.8	0.8

表 4-11　男衬衫的工艺要求及缝制工艺说明　　　　　　　　单位：cm

用衬部位	外层翻领、里层底领、袖头外层、左侧门襟				
辅料	无纺衬	涤树脂衬	扣	洗涤标	吊牌	款号贴纸
数量	50 cm	1 条	11 个	1 只	1 个	1 只

工艺要求	1. 明线宽窄一致，衣片不起链，无漏针。 2. 压衬注意温度、牢度，粘衬不反胶。 3. 领子两端对称等长，有窝势，翻领不反吐。 4. 不允许烫极光，不能有污迹线头，钉钮牢固。 5. 规格正确。 6. 衣片及袖片开衩条门、里襟平服，无毛漏，丝绺方向符合要求。 7. 套装顺号码 10 件(条)一捆，配套生产包装。 8. 袖山无褶皱，装袖圆顺，袖口、底摆及袖底十字缝对齐。 9. 扣与扣眼相吻合，扣眼针码密度适中，拉线松紧一致。
缝制工艺说明	1. 左门襟翻转正面扣净 3 cm 宽，缉明线 0.1 cm，里襟向里扣净 2.5 cm 宽，缉明线 0.1 cm。 2. 胸袋袋口贴边两折后净宽 3 cm，袋口贴边不缉明线，其余三边 0.1 cm 明线。 3. 过肩与衣片三层夹缝，正面缉明线 0.1 cm。 4. 绱袖子时正面相对，袖片在上包缝袖窿缝份，缝份倒向衣身，压明线固定。 5. 衣片褶裥倒向侧缝，袖片褶裥倒向后袖缝。 6. 底边第一次扣烫 0.7 cm，第二次扣烫 1.5 cm，沿折边缉明线 0.1 cm。 7. 针距：平缝 3 cm 不低于 13 针，拷边 3 cm 14 针。 8. 洗涤标位：右侧门襟反面距底摆 14 cm 夹放。 9. 备扣：右侧门襟反面距底摆 12 cm 钉放。 10. 烫：注意极光，各部位烫平不起皱。 11. 扣眼锁在左门襟上，开口方向竖向，扣位于右门襟上。

1) 男衬衫工业制板

男衬衫制图采用中间号型 170/88A,胸围加放松量 18 cm,领围加放松量 2 cm,总肩宽加放 1.2~2 cm 左右,衣长按总体高的 43%~44% 计算,袖长加放 3 cm 左右。结构制图见图 4-18、图 4-19 所示。在男衬衫净样的基础上,四周加上缝份,在需要标位处打剪口,完成男衬衫的面布样板见图 4-20、图 4-21、图 4-22、图 4-23 所示。

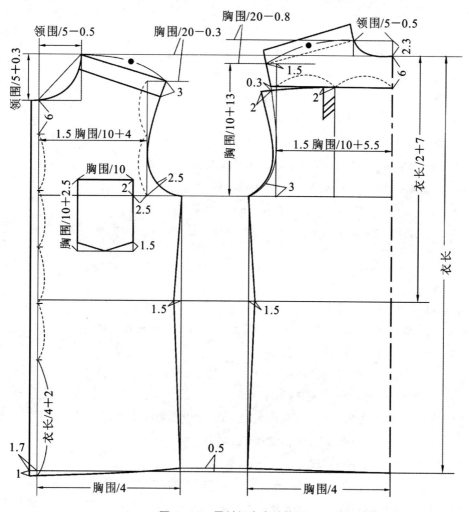

图 4-18 男衬衫大身结构图

2) 男衬衫工业推板

选取中间号型规格样板作为标准母板,选定衣片前胸宽线、后中心线、袖中线作为推板时的纵向公共线,胸围线、袖山高线作为横向公共线,在标准母板的基础上推出大号和小号标准样板。各部位档差及计算公式见表 4-12,男衬衫推板见图 4-24~图 4-28 所示。

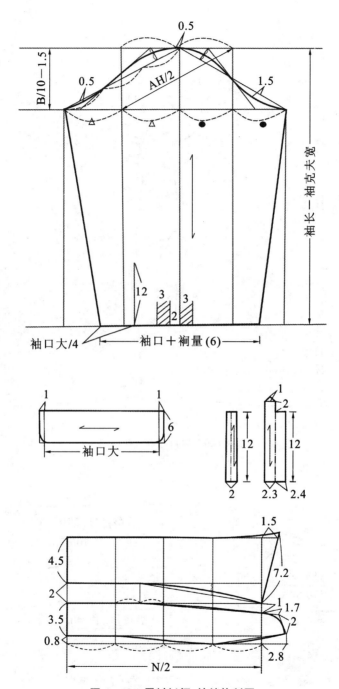

图 4-19 男衬衫领、袖结构制图

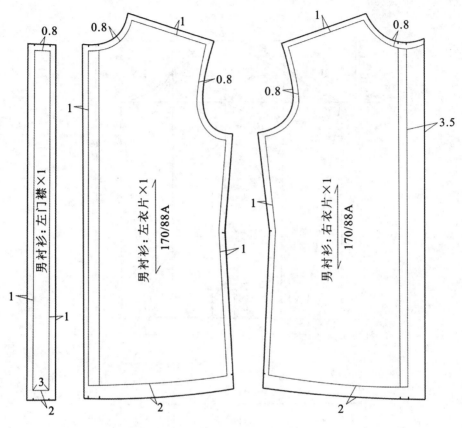

图 4-20 男衬衫前片样板图

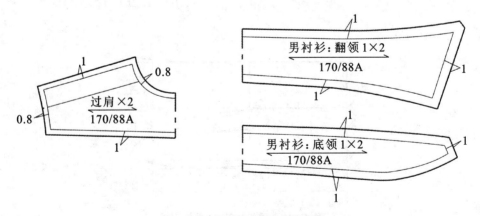

图 4-21 男衬衫领、过肩样板图

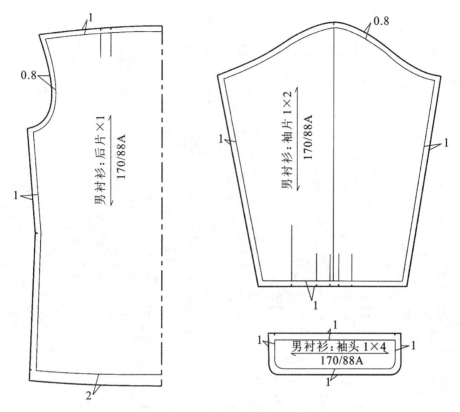

图 4-22 男衬衫袖、后衣片样板图

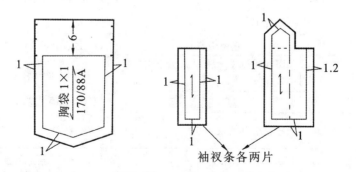

图 4-23 男衬衫袖开衩、口袋样板图

表 4-12 男衬衫各部位档差及计算公式　　　　　　　　　　　　　　　单位：cm

部位名称		部位代号	档差及计算公式			
			纵档差		横档差	
前衣片	小肩线	C	0.7	袖窿深差。2/10×胸围档差4−0.1	0.4	胸宽档差0.6−领宽档差0.2
		B	0.5	袖窿深差0.7−肩斜档差0.2（胸围档差4的5%）	0	肩宽档差1.2的1/2−胸宽档差0.6
	前中心线	E=D	0.5	袖窿深差0.7−领宽档差0.2	0.6	胸宽档差。1.5/10×胸围档差4
		F	0	由于是公共线，F=0	0.6	同 E,D 点
		H=G	1.3	衣长档差2−袖窿深差0.7	0.6	同 E,D,F 点
	侧缝线	A	0	由于是公共线，A=0	0.4	1/4胸围档差1−胸宽档差0.6
		I	0.3	腰节长档差1−袖窿深差0.7	0.4	同 A 点
		J	1.3	同 H,G 点	0.4	同 A,I 点
	胸宽线	K	0.17	AB之间档差0.5的1/3	0	由于是公共线，K=0
	袋口线	M	0	由于靠近公共线，使各档样板袋口距胸围线相等	0.3	袋口大档差0.3
	挂面	Y	2	推放衣长档差	0	各档样板宽度相等
后衣片	后背分割线	A	0.47	袖窿深差0.7的三分之二等分	0	由于是公共线，A=0
		D	0.47	同 A 点	0.6	背宽档差。1.5/10×胸围档差4
		C=B	0.47	同 A,D 点	0.3	背宽档差0.6的1/2
	侧缝线	F	0	由于是公共线，F=0	1	胸围档差4的1/4
		G	0.3	与前片 I 点是对位点 I=G，腰节长档差1−袖窿深差0.7	1	同 F 点
	底边线	H	1.3	与前片 J 点是对位点 J=H，衣长档差2−袖窿深差0.7	1	同 F,G 点
		I	1.3	同 H 点	0	由于是公共线，I=0
	背宽线	E	0.17	同前片 K 点	0.6	同 D 点
过肩	后颈点	A	0.18	0.23−1/3领宽档差0.2	0	由于是公共线，A=0
	颈侧点	B	0.23	袖窿深差0.7−后片 A 点推放值0.47	0.2	1/5×领围档差1
	肩宽点	C	0.03	0.5−后片 D 点档差0.47	0.6	1/2×肩宽档差1.2
	过肩背宽点	D	0	由于是公共线，D=0	0.6	背宽档差
袖片	袖中线	A	0.4	1/10×衣片胸围档差4	0	由于是公共线，A=0
	袖山高线	D=E	0	由于是公共线，D=E=0	0.7	D,E 是对称点缩放袖子的肥度，1.5/10胸围档差+0.1
	袖山弧线	B=C	0.2	1/2×袖山高度档差0.4	0.35	1/2×袖子肥度档差0.7
	袖口线	G=F	1.1	袖长档差1.5−袖山高度档差0.4	0.4	1/2×袖口肥度档差0.8
		H=I	1.1	与 F,G 点是等高点，同 F,G 点	0.2	1/2×后袖口肥度档差0.4

续表 4-12

部位名称		部位代号	档差及计算公式			
			纵档差		横档差	
袖头	袖头长度	R	0	各档样板袖头宽度相等,只推长度方向	0.8	袖口肥度档差0.8
领子	后领中心线	P=O	0	各档样板领子宽度相等,只推长度方向	0.5	领围档差1的1/2
口袋	口袋尖	A	0	保证口袋尖角相等	0.15	1/2袋口大档差0.3
	口袋尖	B	0	保证口袋尖角相等	0.3	袋口大档差0.3
	口袋边	C	0.4	口袋长度档差1/10×胸围档差4	0.3	同B点

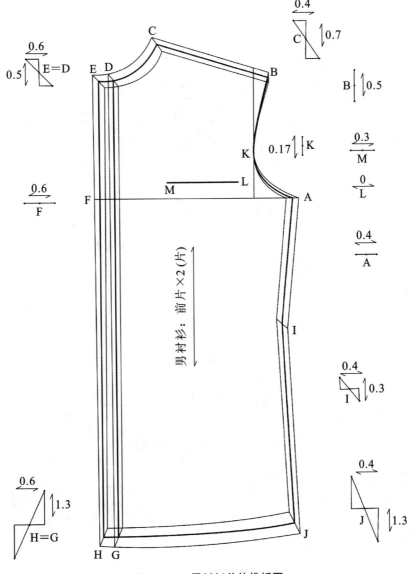

图 4-24 男衬衫前片推板图

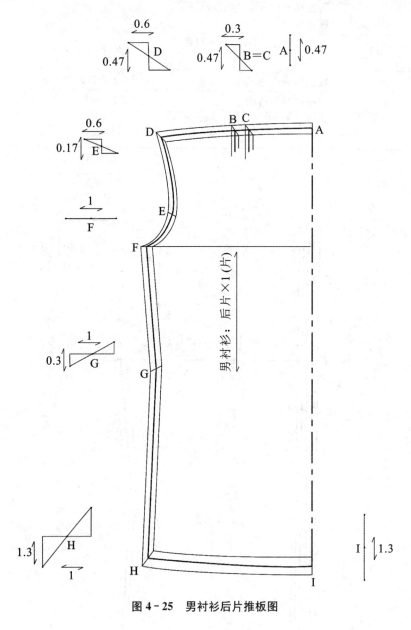

图 4-25 男衬衫后片推板图

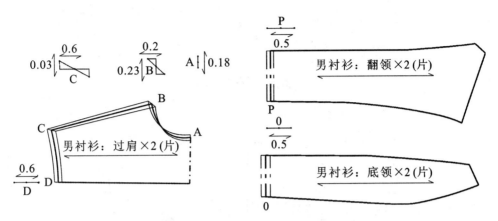

图 4-26 男衬衫过肩及领子推板图

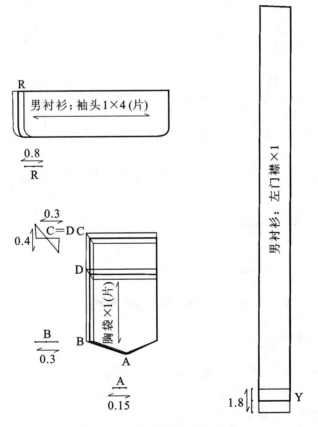

图 4-27 男衬衫零部件推板图

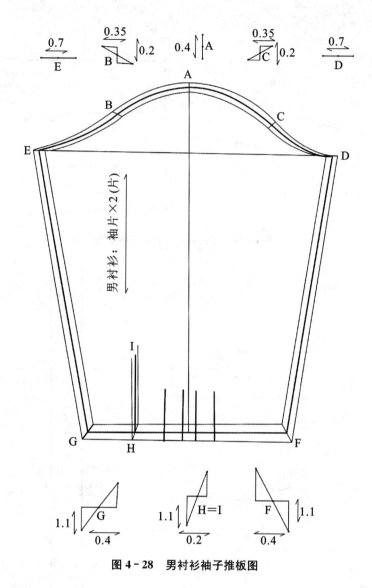

图4-28 男衬衫袖子推板图

4.2.3 褶裥女衬衫

此款女衬衫分一前片、两后片,袖片在袖中线断缝,"一"字形无领,在前身有三个由左前肩向右身的斜向褶裥,左右前身款式不对称,后片收腰省,后中心线装隐形封闭拉链。褶裥女衬衫的规格尺寸及图示说明见表4-13,褶裥女衬衫的工艺要求及缝制工艺说明见表4-14。

表 4-13 褶裥女衬衫的规格尺寸及图示说明   单位:cm

合约号	04NMKC2681	款号	2621136A	品名	褶裥女衬衫
规格尺寸					
部位 \ 号型		155/80A	160/84A	165/88A	档差
衣长	L	56	58	60	2
胸围	B	88	92	96	4
肩宽	S	38	39	40	1
领围	N	37	38	39	1
袖长	SL	14.5	15	15.5	0.5

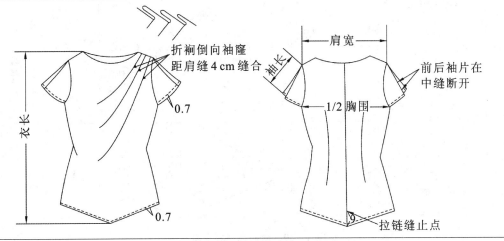

表 4-14 褶裥女衬衫的工艺要求及缝制工艺说明   单位:cm

用衬部位	领口贴边				
辅料	无纺衬	隐形拉链	洗涤标	吊牌	款号贴纸
数量	10 cm 1 条	50 cm 1 根	1 只	1 个	1 只
工艺要求	1. 明线宽窄一致,衣片不起链,无漏针。 2. 压衬注意温度、牢度,粘衬不反胶。 3. 拉链先预缩,封口扎实。 4. 不允许烫极光,不能有污迹线头。 5. 规格正确。 6. 衣片及袖片平服,丝缕方向符合要求。 7. 套装顺号码 10 件(条)一捆,配套生产包装。 8. 袖山无褶皱,装袖圆顺,袖口、底摆及袖底十字缝对齐。				
缝制工艺说明	1. 缝制标记:后腰省、底边贴边、褶裥、对肩刀眼、领中线、拉链缝止点。 2. 腰省向侧缝烫倒,褶裥向袖窿烫倒。 3. 前后肩缝、侧缝、袖缝双层合在一起包缝,缝份倒向后侧。 4. 下摆折边 1.5 cm,两次翻折扣净至 0.7 cm,沿折边缝 0.1 cm 下摆明线。 5. 针距:平缝 3 cm 不低于 13 针,拷边 3 cm 14 针。 6. 洗涤标位:右侧缝处距底摆 15 cm 夹放。 7. 款号标位:在后领口贴边中间处夹放。 8. 烫:注意极光,各部位烫平不起皱。				

1）褶裥女衬衫工业制板

褶裥女衬衫制图采用中间号型160/84A,胸围加放松量8 cm,领围加放松量2 cm,总肩宽加放1~1.5 cm左右。结构制图见图4-29、图4-30、图4-31所示。在褶裥女衬衫净样的基础上,四周加上缝份,在需要标位处打剪口,完成褶裥女衬衫的样板见图4-32、图4-33所示。

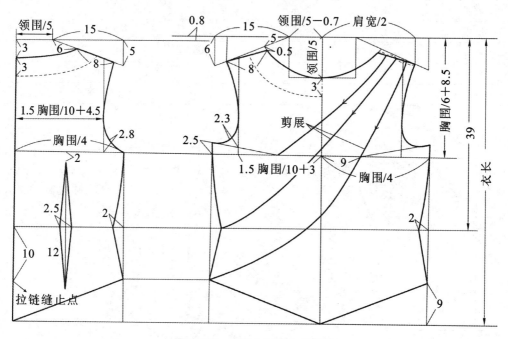

图4-29 褶裥女衬衫大身制图

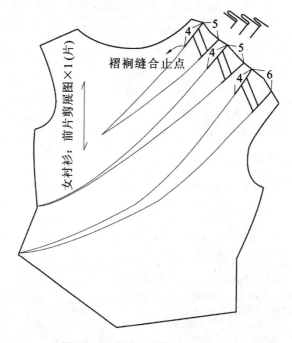

图4-30 褶裥女衬衫大身展开图

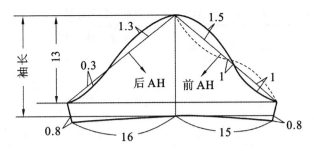

图 4-31 褶裥女衬衫袖子制图

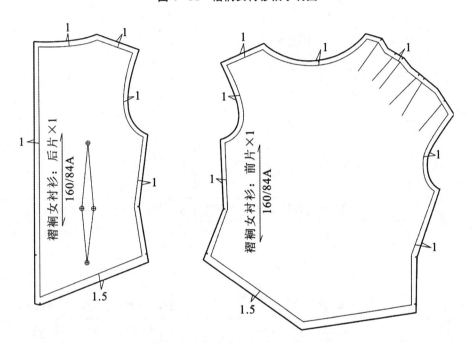

图 4-32 褶裥女衬衫大身样板图

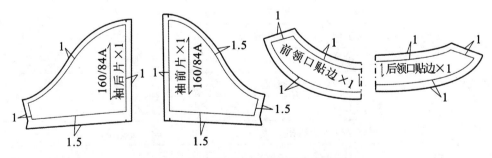

图 4-33 褶裥女衬衫袖及贴边样板图

2）褶裥女衬衫工业推板

选取中间号型规格样板作为标准母板，前衣片在推板时要保持斜向褶裥线形状不变，选定左肩线的颈侧点为基准点进行推放。后衣片及袖片选定后中心线、袖中线作为推板时的纵向公共线，胸围线、袖山高线作为横向公共线，在标准母板的基础上推出大号和小号标准样板。各部位档差及计算公式见表4-15。褶裥女衬衫推板见图4-34、图4-35、图4-36所示。

表 4－15 褶裥女衬衫各部位档差及计算公式　　　　　单位：cm

部位名称		部位代号	档差及计算公式			
			纵档差		横档差	
前衣片	前中心线	A	0.2	领深档差。1/5×领围档差1	0.2	领宽档差。1/5×领围档差1
		J	2	衣长档差2	0.2	同A点
	小肩线	B	0	由于是公共线,B=0	0.4	2×领宽档差0.2
		C	0	各档样板肩斜相等	0.7	2×领宽档差0.2+小肩宽档差0.3
		D	0	各档样板肩斜相等	0.3	小肩宽档差0.3
	侧缝线	F	0.7	1.5胸围档差4/10+0.1	1.2	1/4×胸围档差4+领宽档差0.2
		G	1	推放腰节长档差1	1.2	同F点
		K	2	推放衣长档差2	1	同F、G点
		E	0.7	同F点	0.8	1/2×胸围档差4－F点横向推放值1.2
		H	1	同G点	0.8	同E点
		I	2	同K点	0.8	同E、H点
	胸宽	R	0.45	2/3×袖窿深档差0.7	0.8	胸宽档差0.6+领宽档差0.2
		M	0.45	同R点	0.4	胸宽档差0.6－领宽档差0.2
	领口贴边	L	0	各档样板宽度相等	0.25	1/4×领围档差1
后衣片	后小肩线	J	0.7	1.5×胸围档差4/10+0.1	0.2	领宽档差。1/5×领围档差1
		I	0.7	同J点	0.5	小肩宽档差0.3+领宽档差0.2
	后中心线	A	0.63	袖窿深档差0.7－1/3×领宽档差0.2	0	由于是公共线,A=0
		B	1.5	衣长档差2－袖窿深差0.5	0	由于是公共线,I=0
	侧缝线	C	0	由于是公共线,C=0	1	1/4×胸围档差4
		D	0.5	腰节档差1－袖窿深差0.5	1	同C点
		E	1.5	同B点	1	同C、D点
	腰省	F	0	各档样板距离相等	0.3	1/2×背宽档差0.6
		G=H	0.5	同D点	0.3	同F点
	后背宽线	K	0.23	1/3×袖窿深差0.7	0.6	背宽档差0.6
	领口贴边	L′	0	各档样板宽度相等	0.25	1/4×领围档差1

续表 4-15

部位名称		部位代号	档差及计算公式			
			纵档差		横档差	
袖片	袖中线	A A′	0.5	袖长档差 0.5	0	由于是公共线，A=0
	袖山高线	C=C′	0.1	袖长档差 0.5－袖山高度档差 0.4	0.7	D、E 是对称点缩放袖子的肥度，1.5/10 胸围档差 4+0.1
	袖山弧线	B=B′	0.3	袖长档差 0.5－1/2×袖山高度档差 0.4	0.35	1/2×袖子肥度档差 0.7
	袖口线	D=D′	0	由于是公共线，D=D′=0	0.7	同 C,C′点

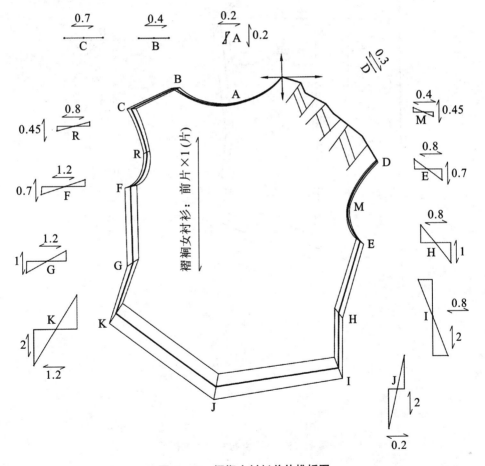

图 4-34 褶裥女衬衫前片推板图

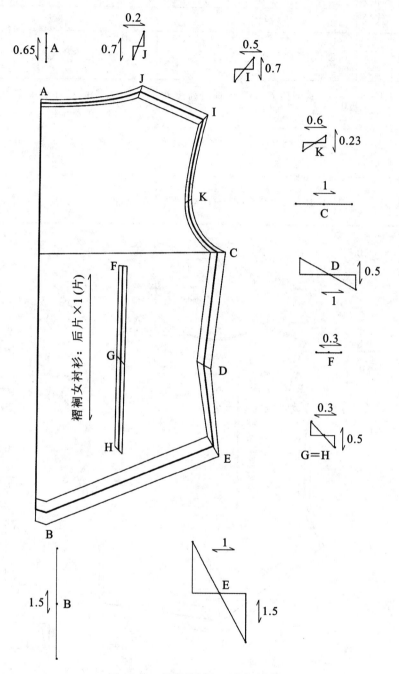

图 4-35 褶裥女衬衫后片推板图

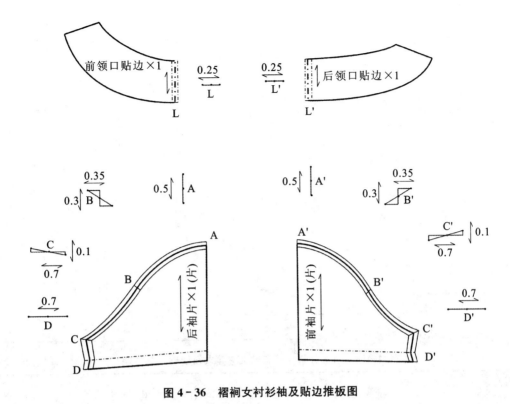

图4-36 褶裥女衬衫袖及贴边推板图

4.3 茄克衫的制板与推板

4.3.1 弧形分割女茄克

该款领型为西装领,前后片均设有袖窿分割线,前片左右各一双嵌线袋,圆装袖,平袖口,全夹里。规格尺寸及图示说明见表4-16,工艺要求及缝制工艺说明见表4-17。

表4-16 弧形刀背女茄克的规格尺寸及图示说明　　　　　　　　单位:cm

合约号	06NMKC2681	款号		2006A	品名	弧形分割女茄克
规格尺寸						
部位\号型	部位代码	155/80A		160/84A	165/88A	档差
衣长	L	66		68	70	2
胸围	B	92		96	100	4
腰围	W	76		80	84	4
臀围	H	100		104	108	4
肩宽	S	38		39	40	1
领大	N	35		36	37	1
袖长	SL	52.5		54	55.5	1.5
袖口大	CW	13.5		14	14.5	0.5
腰节长	WL	39		40	41	1
袋盖宽		5		5	5	0

续表 4-16

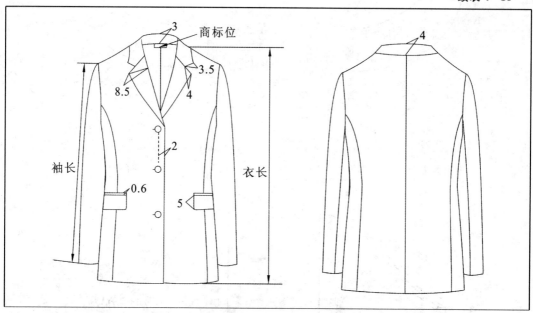

表 4-17 弧形分割女茄克的工艺要求及缝制工艺说明　　　　　　　　　　　单位:cm

用衬部位	前身、挂面、底边、袋盖面、袖口、腰袋嵌线、领面里、开袋位							
辅料	垫肩	钮扣	袖山条	洗涤标	吊牌	款号贴纸	尺寸标	牵带
数量	1副	4个	1副	1只	1个	1只	1只	2m
工艺要求	1. 缝线不起皱,松紧一致。针距密度均匀,回针牢固。 2. 撬边不暴针。 3. 压衬注意温度、牢度,粘衬不反胶。 4. 不允许烫极光,不能有污迹线头,钉钮牢固。 5. 规格正确。 6. 针距平缝 3 cm 13 针,拷边 3 cm 14 针。 7. 蒸汽不能喷多。							
缝制工艺说明	1. 面:肩缝、后中缝切 1.5 cm;前后拼缝、大小袖缝切 1.2 cm 分开缝。 　　里:肩缝切 1.5 cm;前后拼缝、大小袖缝切 1.2 cm 烫 0.3 cm 坐势;前后拼缝向侧倒,大小袖缝向小袖缝倒;后中缝上下段切 1.5 cm 烫 0.5 cm 坐势向左倒,中段切 1 cm 烫 1 cm 坐势向左倒。 2. 前片开双嵌线袋,单个嵌线宽 0.6 cm,封口角方,夹翻袋盖,袋口用白线手拱三角针假封。 3. 领里翻折线 0.6 cm 切领角线一道,切实领角衬。 4. 袖口折边 4 cm,袖口里烫 1 cm 坐势,距边 2 cm,袖口单滴针,小袖缝面里距袖口 7 cm 滴实 5 cm 长。上袖曲势均匀。绱垫肩伸出 1 cm,绱袖山条滴实前后,肩点滴实。 5. 衣底折边 4 cm,里烫 1 cm 坐势,距边 2 cm,单滴针。 6. 洗涤标位:右袖窿里向下 5 cm 装订,下垫洗涤说明。 7. 右门襟锁圆头眼 3 只,眼大 25 mm,扣大 22 mm,袖衩圆头眼 3 只,眼大 21 mm,扣大 18 mm。 8. 吊牌位、副吊牌、修补袋用穿针挂在前中第一只眼上。主吊牌在上层,备用扣放在修补袋里。							

1) 弧形分割女茄克的工业制板

该款制图采用中间号型 160/84A,胸围加放松量 10~14 cm,领围加放松量 2~3 cm,总肩宽加放 1.5~2 cm 左右,袖长加放 3 cm 左右。结构制图见图 4-37、图 4-38 所示。在净样的基础上,四周加上缝份,在需要标位处打剪口,完成弧形分割女茄克的样板见图 4-39、图 4-40 所示。

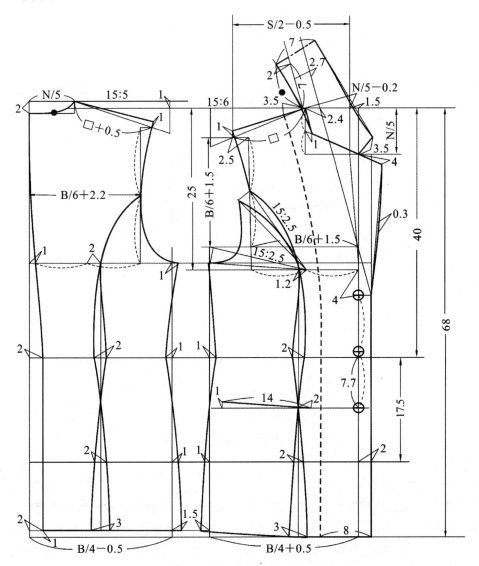

图 4-37 弧形分割女茄克衣身及领子制图

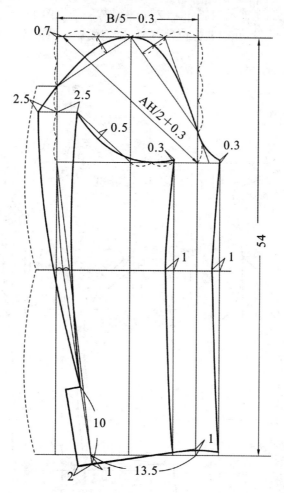

图 4-38 弧形分割女茄克袖子制图

2）弧形分割女茄克工业推板

选取中间号型规格样板作为标准母板，选定衣片前、后中心线、袖中线作为推板时的纵向公共线，胸围线、袖山高线作为横向公共线，前后侧片均以胸围线作为横向公共线，以衣身分割线作为纵向公共线，在标准母板的基础上推出大号和小号标准样板。各部位档差及计算公式见表 4-18～表 4-20。各衣片推板见图 4-41～图 4-48 所示。

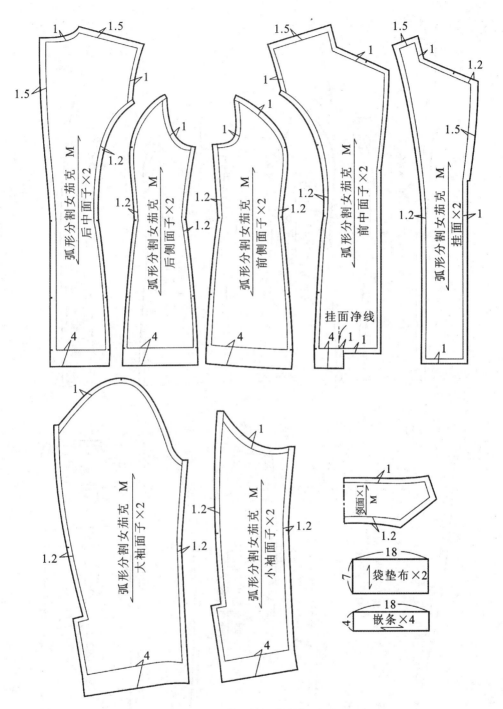

图 4-39 弧形分割女茄克面子样板

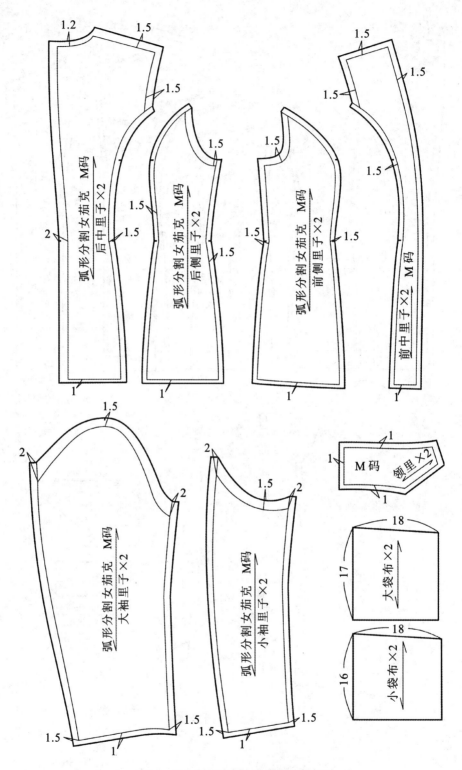

图 4-40 弧形分割女茄克里子样板

表 4－18 弧形分割女茄克前衣片、前侧片推板档差及计算公式 单位:cm

部位名称		部位代号	档差及计算公式			
			纵档差		横档差	
前衣片	小肩线	A	0.6	袖窿深档差 0.8－1/20 胸围档差	0.5	肩宽档差的 1/2
		B	0.8	1/5 胸围档差	0.2	1/5 领大档差
	胸宽线	C	0.3	A 点档差的 1/2	0.6	1.5/10 胸围档差
	前领口线	D	0.6	袖窿深档差 0.8－1/5 领大差	0	由于是公共线,故不推放
		D_1	0.7	袖窿深档差 0.8－1/2 领深档差	0.2	1/5 领大档差
	衣长线	E	1.2	衣长档差 2－袖窿深档差 0.8	0	由于是公共线,故不推放
		E_1	1.2	同 E 点	0	同 E 点
		E_2	1.2	同 E 点	0.3	胸宽档差的 1/2
	腰节线	F	0.2	腰长档差 1－袖窿深档差 0.8	0.3	胸宽档差的 1/2
	臀高线	G	0.5	臀高档差 0.3,因 F 点已推 0.2,故该点推 0.2+0.3＝0.5	0.3	同 F 点
	钮扣位	H	0	由于靠近公共线,故不推放	0	靠近公共线,故不推放
		H_1	0.2	同 F 点	0	同 H 点
		H_2	0.4	为 H_1 点纵档差的 2 倍	0	同 H 点
	驳折点	I	0	由于靠近公共线,故不推放	0	是公共线,故不推放
前侧片	袖窿弧线	A	0.3	同前衣片 C 点	0.3	胸宽档差的 1/2
		B	0	由于是公共线,故不推放	0.7	胸围档差的 1/4－0.3
	衣长线	C	1.2	衣长档差 2－袖窿深档差 0.8	0.7	胸围档差的 1/4－0.3
		C_1	1.2	同 C 点	0	由于是公共线,故不推放
	腰节线	D	0.2	腰长档差 1－袖窿深档差 0.8	0.7	同 B 点
		D_1	0.2	同 D 点	0	由于是公共线,故不推放
	臀高线	E	0.5	臀高档差 0.3+0.2	0.7	同 B 点
		E_1	0.5	同 E 点	0	由于是公共线,故不推放

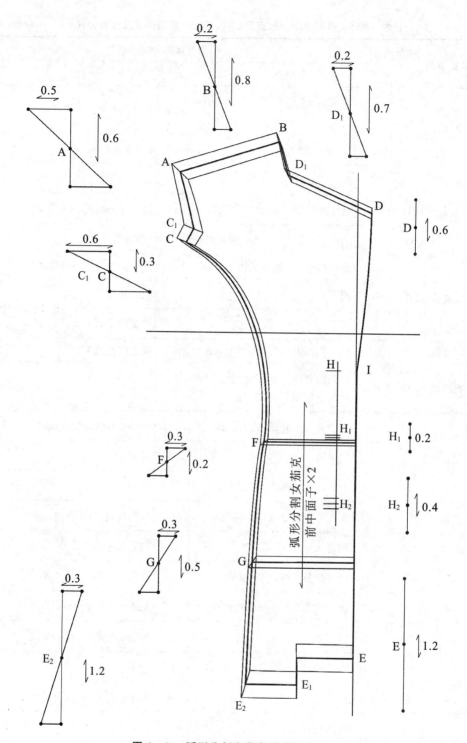

图4-41 弧形分割女茄克前衣片推板

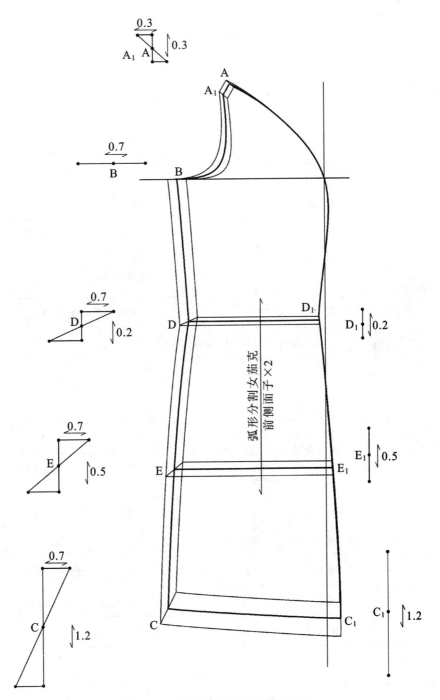

图 4-42 弧形分割女茄克前侧片推板

表 4-19 弧形分割女茄克后衣片、后侧片推板档差及计算公式　　　　单位:cm

部位名称		部位代号	档差及计算公式			
			纵档差		横档差	
后衣片	小肩线	A	0.6	袖窿深档差0.8－1/20胸围档差	0.5	肩宽档差的1/2
		B	0.8	1/5胸围档差	0.2	1/5领大档差
	背宽线	C	0.3	A点档差的1/2	0.6	1.5胸围档差
	后领深线	D	0.75	袖窿深档差0.8－0.05	0	由于是公共线,故不推放
	衣长线	E	1.2	衣长档差2－袖窿深档差0.8	0.3	背宽档差的1/2
		E_1	1.2	同E点	0	由于是公共线,故不推放
	腰节线	F	0.2	腰长档差1－袖窿深档差0.8＝0.2	0.3	背宽档差的1/2
		F_1	0.2	同F点	0	由于是公共线,故不推放
	臀高线	G	0.5	臀高档差0.3,因F点已推0.2,故该点推0.2＋0.3＝0.5	0.3	同F点
		G_1	0.5	同G点	0	由于是公共线,故不推放
后侧片	袖窿弧线	A	0.3	同后衣片C点	0.3	背宽档差的1/2
		B	0	由于是公共线,故不推放	0.7	胸围档差的1/4－0.3
	衣长线	C	1.2	衣长档差2－袖窿深档差0.8	0.7	胸围档差的1/4－0.3
		C_1	1.2	同C点	0	由于是公共线,故不推放
	腰节线	D	0.2	腰长档差1－袖窿深档差0.8	0.7	同B点
		D_1	0.2	同D点	0	由于是公共线,故不推放
	臀高线	E	0.5	臀高档差0.3＋0.2	0.7	同B点
		E_1	0.5	同E点	0	由于是公共线,故不推放

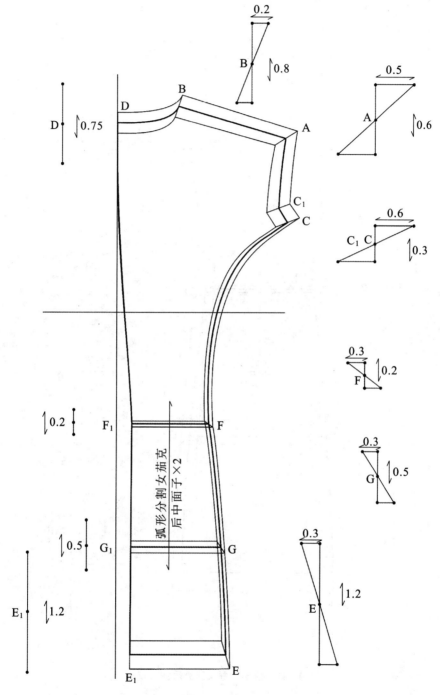

图 4-43 弧形分割女茄克后衣片推板

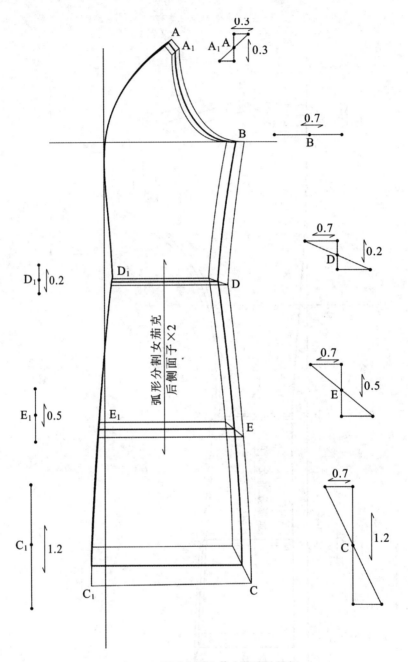

图 4-44 弧形分割女茄克后侧片推板

表 4－20　弧形分割女茄克大袖片、小袖片推板档差及计算公式　　　　　单位：cm

部位名称		部位代号	档差及计算公式			
			纵档差		横档差	
大袖片	袖山高	A	0.6	1.5/10 胸围档差	0	由于是公共线,故不推放
	袖肥大	B	0.2	袖山高档差的 1/3	0.4	袖肥档差的 1/2
		C	0	由于是公共线,故不推放	0.4	同 B 点
	袖长线	D	0.9	袖长档差 1.5－袖山高档差 0.6	0.4	同 C 点
		D_1	0.9	同 D 点	0.1	袖口档差 0.5－D 点档差 0.4
	袖肘线	E	0.15	1/2 袖长档差－0.6	0.4	同 C 点
		E_1	0.15	同 E 点	0.3	B 点档差 0.4－0.1
	袖衩长	F	0.9	同 D_1 点	0.1	同 D_1 点
		F_1	0.9	同 D_1 点	0.1	同 D_1 点
小袖片	袖肥大	A	0.2	袖山高档差的 1/3	0.8	袖肥档差。1/5 胸围档差
		B	0	由于是公共线,故不推放	0	由于是公共线,故不推放
	袖长线	C	0.9	同大袖片 D 点	0	由于是公共线,故不推放
		C_1	0.9	同 C 点	0.5	袖口档差 0.5
	袖肘线	D	0.15	同大袖片 E 点	0	由于是公共线,故不推放
		D_1	0.15	同 D 点	0.6	袖口档差 0.5＋0.1
	袖衩长	E	0.9	同 C_1 点	0.5	同 C_1 点
		E_1	0.9	同 E 点	0.5	同 C_1 点

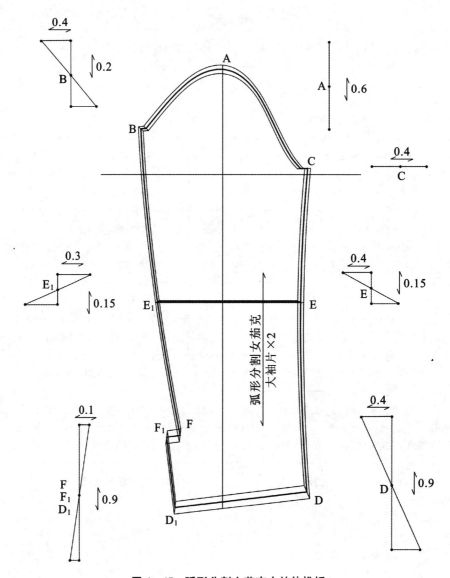

图 4-45 弧形分割女茄克大袖片推板

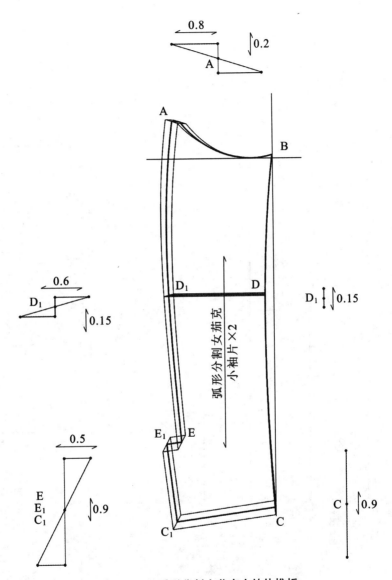

图 4-46 弧形分割女茄克小袖片推板

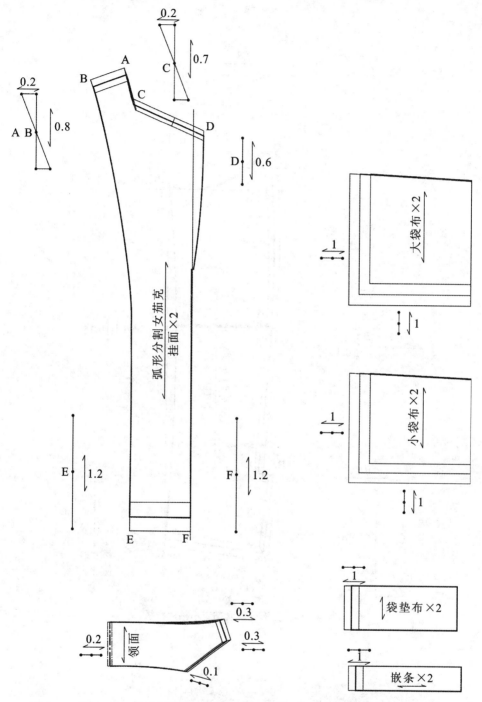

图 4-47 弧形分割女茄克挂面、袋布、袋垫布、袋嵌条、领子推板

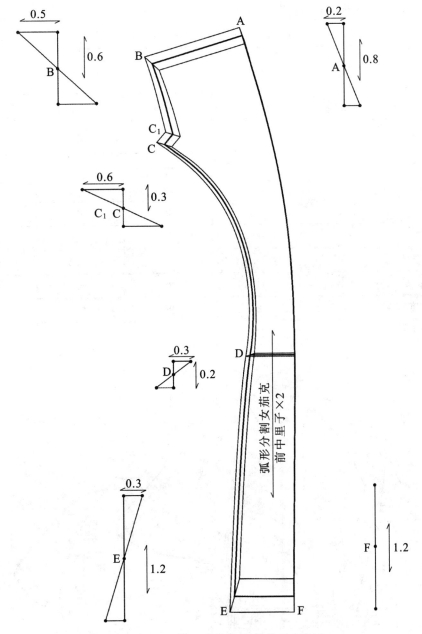

图 4-48 弧形分割女茄克前衣片里子推板

4.3.2 插肩袖男茄克

该款领型为连体企领,前中装拉链,左右前衣片各设一个单嵌线口袋、后中不剖缝,衣身装下摆并收松紧带,袖身为插肩两片袖、装袖克夫、袖口设有碎褶。规格尺寸及图示说明见表4-21,工艺要求及缝制工艺说明见表4-22。

表4-21 插肩袖茄克衫的规格尺寸及图示说明　　　　　　　　单位:cm

合约号	06NMKC2681	款号	2006A	品名	插肩袖茄克
规格尺寸					
部位＼号型	部位代码	170/88A	175/92A	180/96A	档差
衣长	L	60	62	64	2
胸围	B	116	120	124	4
肩宽	S	49.8	51	52.2	1.2
领围	N	45	46	47	1
袖长	SL	58.5	60	61.5	1.5
袖口大(松度)	CW	24.5	25	25.5	0.5
袖口大(拉度)	CW	34.5	35	35.5	0.5
下摆(松度)		86	90	94	4
下摆(拉度)		108	112	116	4

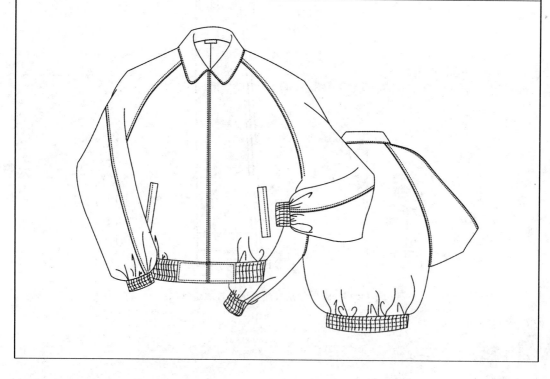

表 4-22 插肩袖茄克衫的工艺要求及缝制工艺说明　　　　　　　　　　单位:cm

用衬部位	领子、袋嵌条、开袋位					
辅料	尺寸标	松紧带	洗涤标	吊牌	款号贴纸	拉链
数量	1只	1 m	1只	1个	1只	1根
工艺要求	1. 缝线不起皱,松紧一致。针距密度对称,回针牢固。 2. 压衬注意温度、牢度,粘衬不反胶。 3. 不允许烫极光,不能有污迹线头,钉钮牢固。 4. 规格正确。 5. 针距平缝 3 cm 13 针,拷边 3 cm 14 针。 6. 蒸汽不能喷多。					
缝制工艺说明	1. 面:门襟边口放 1.5 cm 缝份,领圈弧线、领底弧线做 0.8 cm 缝边,其他缝边缝份均为 1 cm。 　里:所有里子裁片的缝份均为 1.2 cm。 2. 前插袋左右袋位定位准确,两边对称,袋口两端打套结。袋嵌线沿光边切 0.6 cm 明线。 3. 腰口、袖克夫松紧要收缩均匀,压线不跳线,不断线。 4. 前后袖片拼合的缝份向前片烫倒,并切 0.1 cm×0.6 cm 明线。 5. 领子做 0.1 cm 里外匀,并沿表面切 0.6 cm 明线。装领要平服,左右对称。 6. 前衣身左右襟沿门襟止口切 0.6 cm 明线,线迹工整不断线、跳线。 7. 左摆缝里距底边 10 cm 向上夹装洗涤标。 8. 大包装,吊排挂在尺寸标上。					

1) 插肩袖男茄克衫的工业制板

该款制图采用中间号型 175/92A,胸围加放松量 26～30 cm,领围加放松量 6 cm 左右,总肩宽加放 4～6 cm 左右,袖长加放 3 cm 左右。结构制图见图 4-49 所示。在净样的基础上,四周加上缝份,在需要标位处打剪口,完成插肩袖男茄克衫的样板见图 4-50 所示。

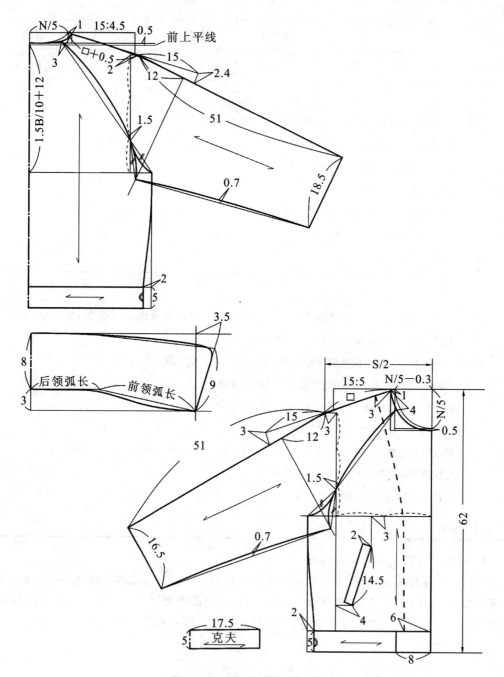

图 4-49 插肩袖茄克结构制图

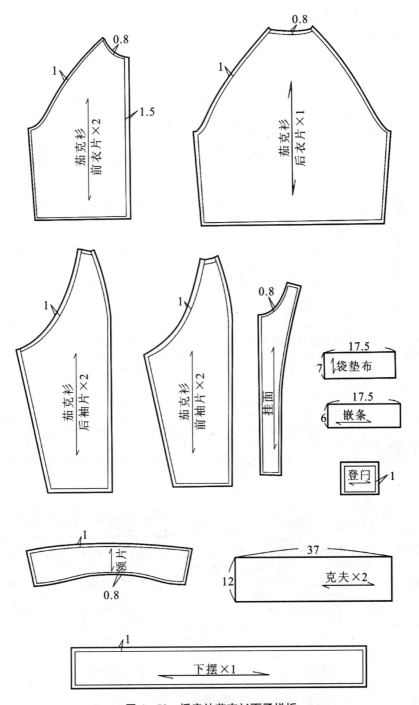

图 4-50 插肩袖茄克衫面子样板

2) 插肩袖茄克衫工业推板

选取中间号型规格样板作为标准母板，前后衣身选定胸围线作为横向公共线，以袖子与衣身的制图参开点作为纵向公共线，前后袖子均以袖子与衣身的制图参开点作为纵横向公共线，在标准母板的基础上推出大号和小号标准样板。各部位档差及计算公式见表4-23。各衣片推板见图4-51～图4-54所示。

表4-23 插肩袖茄克衫推板档差及计算公式 单位：cm

部位名称		部位代号	档差及计算公式			
			纵档差		横档差	
前衣片	袖窿深	A	0.8	袖窿深档差 B/5	0.4	B点档差0.6－领宽档差0.2
	前领	B	0.6	A点档差0.8－前领深档差0.2	0.6	胸宽档差。1.5/10 胸围档差
	衣长	C	1.2	衣长档差2－袖窿深档差0.8	0.6	同B点
		D	1.2	同C点	0.4	胸围档差的1/4－胸宽档差0.6
	前胸围	E	0	是公共线，故不推放	0.4	同D点
		F	0.3	袖窿深档差的1/3	0	由于是公共线，故不推放
前袖片	前小肩	A	0.5	袖窿深档差的2/3	0.4	同前衣片A点
		B	0.5	同A点	0.4	同A点
	坐标点	C	0	由于是公共线，故不推放	0	由于是公共线，故不推放
	袖肥	D	0.3	袖窿深档差的1/3	0.3	袖肥大档差的1/3
		E	0	由于靠近公共线，故不推放	0.5	袖肥大档差0.8－D点档差0.3
	肩端点	F	0	冲肩统码，故不推放	0.5	同E点
	袖口	H	1.5	袖长档差1.5	0	由于靠近公共线，故不推放
		G	1.5	袖长档差1.5	0.5	袖口档差
后衣片	袖窿深	A	0.8	袖窿深档差 B/5	0.4	B点档差0.6－领宽档差0.2
	后领	B	0.8	同A点	0.6	背宽档差。1.5/10 胸围档差
	衣长	C	1.2	衣长档差2－A点档差0.8	0.6	同B点
		D	1.2	同C点	0.4	胸围档差的1/4－0.6
	后胸围	E	0	由于是公共线，故不推放	0.4	胸围档差的1/4－0.6
	背宽点	F	0.3	袖窿深档差的1/3	0	由于是公共线，故不推放

续表 4-23

部位名称		部位代号	档差及计算公式			
			纵档差		横档差	
后袖片	后小肩	A	0.5	袖窿深档差的2/3	0.4	同后衣片A点
		B	0.5	同A点	0.4	同A点
	坐标点	C	0	由于是公共线,故不推放	0	由于是公共线,故不推放
	袖肥	D	0.3	袖窿深档差的1/3	0.3	袖肥大档差的1/3
		E	0	由于靠近公共线,故不推放	0.5	袖肥大档差0.8-D点档差0.3
	肩端点	F	0	冲肩统码,故不推放	0.5	同E点
	袖口	G	1.5	袖长档差1.5	0	由于靠近公共线,故不推放
		H	1.5	袖长档差1.5	0.5	袖口档差0.5

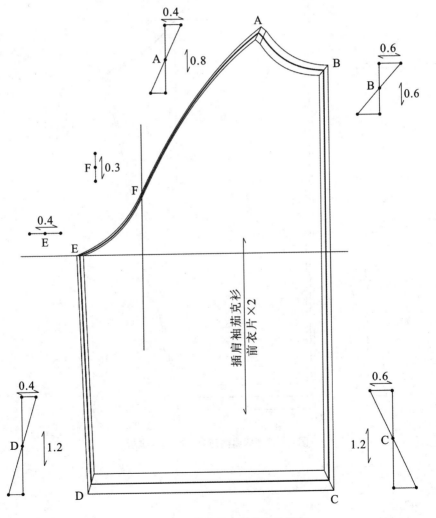

图 4-51 插肩袖茄克衫前衣片推板

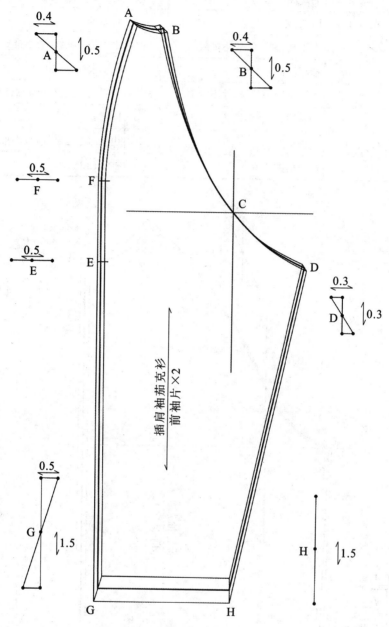

图 4-52 插肩袖茄克衫前袖片推板

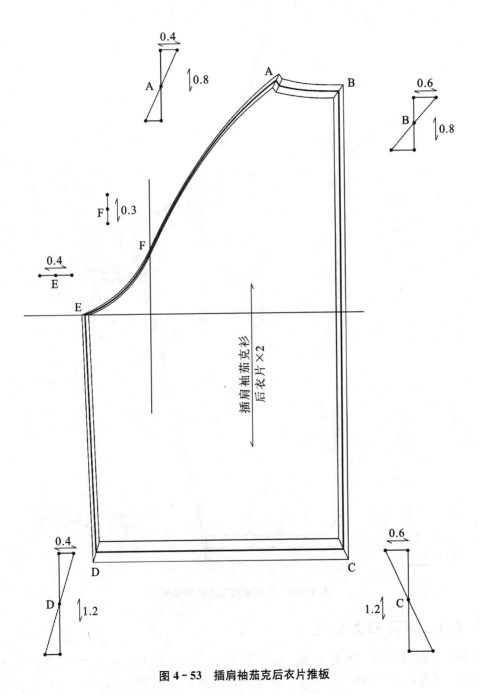

图 4-53 插肩袖茄克后衣片推板

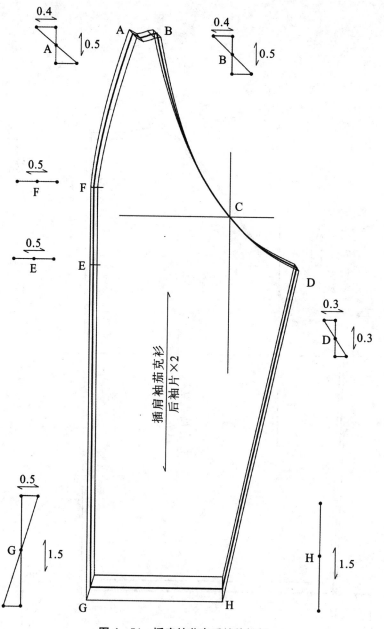

图 4-54 插肩袖茄克后袖片推板

4.3.3 连身袖女茄克

领型为立领,前后片均设有 T 型分割线,前片左右各一装饰袋盖,连身袖,平袖口,全夹里。规格尺寸及图示说明见表 4-24,工艺要求及缝制工艺说明见表 4-25。

表 4-24 连身袖女茄克衫的规格尺寸及图示说明　　单位:cm

合约号	06NMKC2682	款号	20007A	品名	连身袖茄克
规格尺寸					

部位＼号型	部位代码	155/80A	160/84A	165/88A	档差
衣长	L	50	52	54	2
胸围	B	94	98	102	4
下摆		92	96	100	4
肩宽	S	38.8	40	41.2	1.2
袖长	SL	67.2	69	70.8	1.8
袖口大	CW	25.5	26	26.5	0.5
前领宽		7.8	8	8.2	0.2
后领高		7	7	7	0

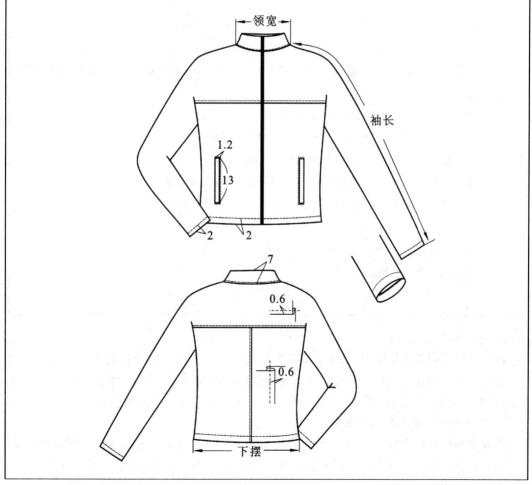

表 4-25 连身袖女茄克衫的工艺要求及缝制工艺说明　　　　　　　单位:cm

用衬部位	领子、袋嵌条、开袋位					
辅料	垫肩	钮扣	松紧带	洗涤标	吊牌	款号贴纸	拉链
数量	1副	无	无	1只	1个	1只	1根

工艺要求	1. 缝线不起皱,松紧一致。针距密度对称,回针牢固。 2. 压衬注意温度、牢度,粘衬不反胶。 3. 不允许烫极光,不能有污迹线头,钉钮牢固。 4. 规格正确。 5. 针距平缝 3 cm 13 针,拷边 3 cm 14 针。 6. 蒸汽不能喷多。
缝制工艺说明	1. 面:门襟边口放 1.5 cm 缝份,其他缝边缝份均为 1 cm。后中断缝缝份向左边烫倒,并切 0.6 cm 明线。 里:所有里子裁片的缝份均为 1.2 cm。 2. 前插袋左右袋位定位准确,两边对称,袋口两端打套结。 3. 前后衣身分割线缝份向上衣片倒,并切 0.6 cm 明线。 4. 衣身下摆、袖口卷边,沿卷边光边切 0.1 cm 明线,表面线迹距袖口 2 cm。 5. 领子做 0.1 cm 里外匀,并沿领底线表面切 0.2 cm 明线。装领要平服,左右对称。 6. 前衣身左右襟沿门襟止口切 0.8 cm 明线,线迹工整不断线、跳线。 7. 左摆缝里距底边 10 cm 向上夹装洗涤标。 8. 包装,吊牌挂在拉链的拉手上。

1）连身袖女茄克衫的工业制板

该款制图采用中间号型 160/84A,胸围加放松量 10～14 cm,领围加放松量 2～3 cm,总肩宽加放 1.5～2 cm 左右,袖长加放 3 cm 左右。结构制图见图 4-55 所示,在净样的基础上,四周加上缝份,在需要标位处打剪口,完成弧形刀背女茄克的样板见图 4-56 所示。

2）连身袖女茄克衫的工业推板

选取中间号型规格样板作为标准母板,前后袖子均以衣身横向分割线作为横向公共线,以袖子与衣身的制图叠开点作为纵向公共线。前后衣身均以胸围线作为横向公共线,以袖子与衣身的制图叠开点作为纵向公共线。在标准母板的基础上推出大号和小号标准样板。各部位档差及计算公式见表 4-26,各衣片推板见图 4-57～图 4-60 所示。

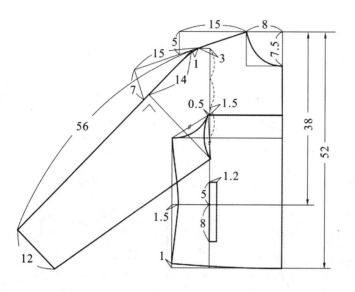

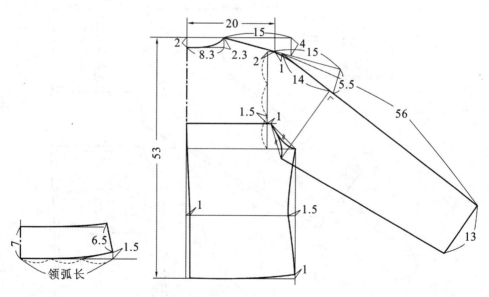

图 4-55 连身袖女茄克结构制图

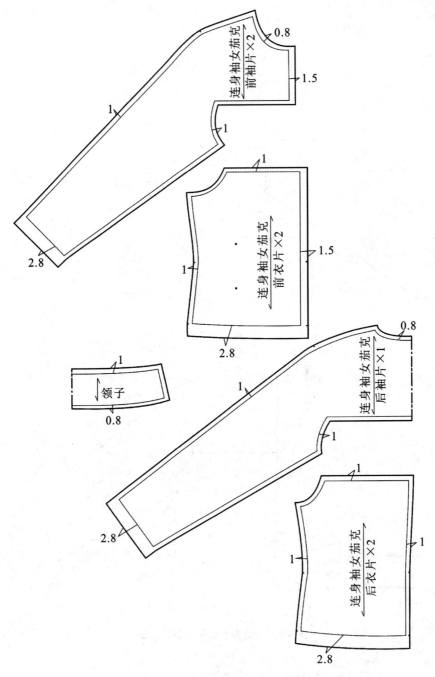

图 4-56 连身袖女茄克面子样板

表 4-26 连身袖茄克衫推板档差及计算公式　　　　　　　　　　　　　　　单位:cm

部位名称		部位代号	档差及计算公式			
			纵档差		横档差	
前袖片	袖窿深	A	0.4	袖窿深档差的2/3	0	由于靠近公共线,故不推放
		B	0.6	0.4+肩高档差0.2	0.4	前领宽档差0.2,因C点要推0.6,故该点推0.6-0.2
	前领	C	0.4	0.6-前领深档差0.2	0.6	胸宽档差0.6
		D	0	由于是公共线,故不推放	0.6	胸宽档差0.6
		E	0	由于是公共线,故不推放	0	由于是公共线,故不推放
	袖肥	F	0.2	顺袖山方向推0.2袖山档差	0.4	袖肥档差的1/2
		G	0.2	同F点	0.4	同F点
	袖口	H	1.4	袖长档差1.8-B点档差0.4	0.25	袖口档差的1/2
		H₁	1.4	同H点	0.25	袖口档差的1/2
前衣片	袖窿深	A	0.2	袖窿深档差的1/3	0	由于是公共线,故不推放
		B	0.2	同A点	0.6	胸宽档差0.6
	前胸围	C	0	由于是公共线,故不推放	0.4	胸围档差的1/4-0.6
	衣长	D	1.2	衣长档差2-0.8	0.6	同B点
		D₁	1.2	同D点	0.4	同C点
	腰节	E	0.2	背长档差1-0.8	0.6	同B点
		E₁	0.2	背长档差1-0.8	0.4	同C点
后袖片	袖窿深	A	0.4	袖窿深档差的2/3	0	由于靠近公共线,该点不推放
		B	0.6	0.4+肩高档差0.2	0.4	0.6-前领宽档差0.2
	后领	C	0.55	B点档差0.6-0.05	0.6	背宽档差0.6
		D	0	由于是公共线,故不推放	0.6	背宽档差0.6
		E	0	由于是公共线,故不推放	0	由于是公共线,故不推放
	袖肥	F	0.2	顺袖山方向推0.2袖山档差	0.4	袖肥档差的1/2
		G	0.2	同F点	0.4	同F点
	袖口	H	1.4	袖长档差1.8-0.4	0.25	袖口档差的1/2
		H₁	1.4	同H点	0.25	袖口档差的1/2
后衣片	袖窿深	A	0.2	袖窿深档差的1/3	0	由于是公共线,故不推放
		B	0.2	同A点	0.6	肩宽档差的1/2
	前胸围	C	0	由于是公共线,故不推放	0.4	胸围档差的1/4-0.6
	衣长	D	1.2	衣长档差2-0.8	0.6	同B点
		D₁	1.2	同D点	0.4	同C点
	腰节	E	0.2	背长档差1-0.8	0.6	同B点
		E₁	0.2	背长档差1-0.8	0.4	同C点

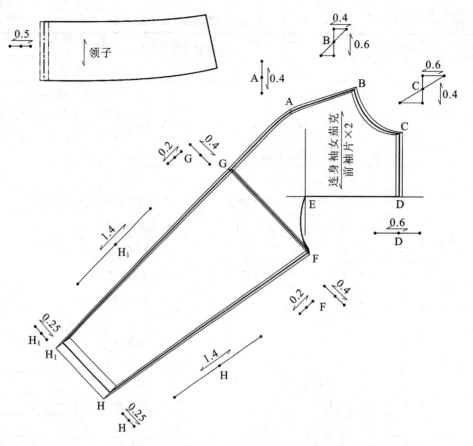

图4-57 连身袖女茄克前袖片及领推板

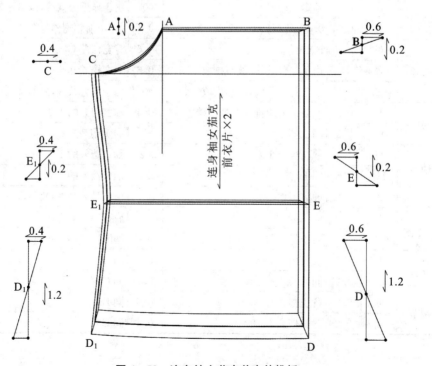

图4-58 连身袖女茄克前衣片推板

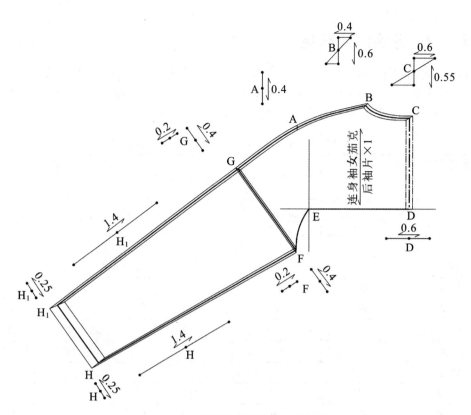

图 4-59 连身袖女茄克后袖片推板

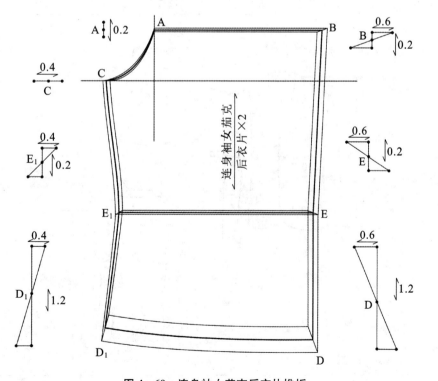

图 4-60 连身袖女茄克后衣片推板

· 109 ·

4.3.4 通肩缝女茄克

该款为单排两粒扣,平驳领,前后衣身设左右对称通肩分割线,后中不断缝,前身圆底摆,左右各设一有袋盖双嵌线袋,圆装两片装袖,袖口开衩,钉3粒扣,全夹里。规格尺寸及图示说明见表4-27,工艺要求及缝制工艺说明见表4-28。

表4-27 通肩缝女茄克的规格尺寸及图示说明　　　　　　　　单位:cm

合约号	06NMKC2681	款号	2006A	品名	通肩缝女西装
规格尺寸					
部位＼号型	部位代码	155/80A	160/84A	165/88A	档差
衣长	L	50	52	54	2
胸围	B	88	92	96	4
腰围	W	73	77	81	4
臀围	H	86	90	94	4
肩宽	S	37.8	39	40.2	1.2
领大	N	35	36	37	1
袖长	SL	51	52.5	54	1.5
袖口大	CW	13	13.5	14	0.5
腰节长	WL	39	40	41	1
袋盖宽		5.5	5.5	5.5	0

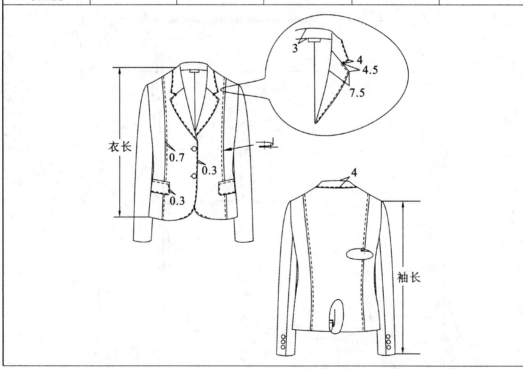

表4－28 通肩缝女茄克的工艺要求及缝制工艺说明　　　　单位:cm

用衬部位	前身、挂面、底边、袋盖面、袖口、腰袋嵌线、领面里						
辅料	垫肩	钮扣	袖山条	洗涤标	吊牌	款号贴纸	尺寸标	牵带
数量	1副	10个	1副	1只	1个	1只	1枚	2 m

工艺要求

1. 缝线不起皱,松紧一致。针距密度均匀,回针牢固。
2. 撬边不暴针。
3. 压衬注意温度、牢度,粘衬不反胶。
4. 不允许烫极光,不能有污迹线头,钉钮牢固。
5. 规格正确。
6. 针距平缝3 cm 11针,拷边3 cm 14针。
7. 蒸汽不能喷多。

缝制工艺说明

工艺说明:平缝针距:3 cm 11针;拷边:3 cm 14针

1. 肩缝、前后摆缝、大小袖缝切1.2 cm,均分开缝,前后分割线切1.2 cm,缝份倒向前后中。
2. 里:后拼缝、侧缝、大小袖缝切1 cm 烫0.5 cm 坐势,后拼缝、侧缝均向前倒,大小袖缝向小袖倒。
3. 前片下口开单嵌线袋左右各一只,嵌线净宽1 cm,嵌线丝缕与大身一致,嵌线四周0.15 cm 止口,袋口大13 cm,袋盖宽5.5 cm,袋盖上端压线0.7 cm,三周切0.3 cm 止口,袋布切不同轨双线,袋垫与袋布拼接拷边,袋盖里子不外露。
4. 门里襟、领面里、底边面里切0.3 cm 止口,里子均不外露。
5. 袖衩长9 cm,夹翻袖衩里襟切0.5 cm 止口。
6. 面料贴条与袖隆上段缝实,绱袖向袖倒,袖山不起皱,袖隆切2 cm 止口,前片8.5 cm 长、后片6.8 cm 均斜转弯,绱袖里上下放里吊带松度1 cm。
7. 商标位:后中里领弧向下2.3 cm 封实四周,下口装尺码带,尺码带伸出1.2 cm。
8. 洗涤标位:右袖隆里向下5 cm 装钉,下垫洗涤说明。注意洗涤带有色号。
9. 吊牌位、副吊牌、修补袋用穿针挂在前中第一只眼上。主吊牌在上层,备用扣放在修补袋里。
10. 右门襟锁圆头眼2只,眼大25 mm,扣大22 mm,袖衩圆头眼3只,眼大21 mm,扣大18 mm。

1) 通肩缝女茄克工业制板

该款制图采用中间号型160/84A,胸围加放松量8～12 cm,领围加放松量2～3 cm,总肩宽加放1.5～2 cm左右,袖长加放3 cm左右。结构制图见图4-61～图4-63所示。在净样的基础上,四周加上缝份,在需要标位处打剪口,完成的通肩缝女西服样板见图4-64所示。

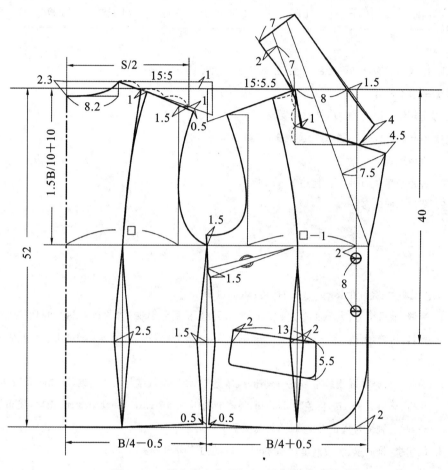

图4-61 通肩缝女茄克衣身、领子结构制图

2) 通肩缝女茄克工业推板

选取中间号型规格样板作为标准母板,选定衣片前、后中心线、袖中线作为推板时的纵向公共线,胸围线、袖山高线作为横向公共线,前后侧片均以胸围线作为横向公共线,以衣身分割线作为纵向公共线,在标准母板的基础上推出大号和小号标准样板。各部位档差及计算公式见表4-29。各衣片推板见图4-65～图4-71所示。

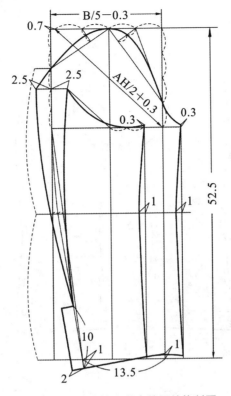

图 4-62 通肩缝女茄克袖子结构制图

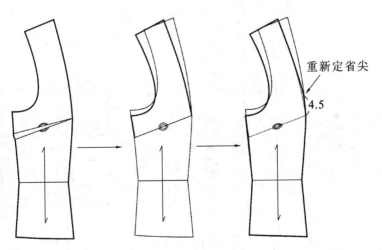

图 4-63 通肩缝女茄克前侧片省道转移处理

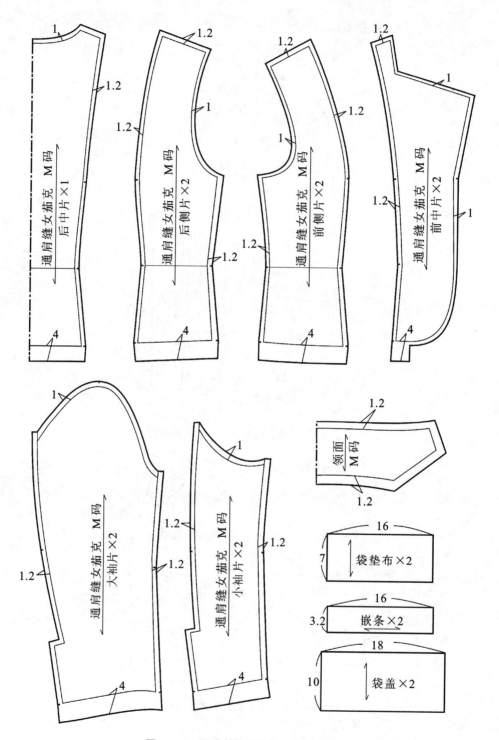

图 4-64 通肩缝女茄克面子样板放缝

表 4-29 通肩缝女茄克推板档差及计算公式　　　　单位:cm

部位名称		部位代号	档差及计算公式			
			纵档差		横档差	
前衣片	小肩线	A	0.75	袖窿深档差 0.8－0.05	0.2	肩宽档差的 1/5
		B	0.8	袖窿深档差 0.8	0.2	前领宽档差 0.2
	前领	C	0.7	袖窿深档差 0.8－前领深档差的 1/2	0.2	同 B 点
		D	0.6	袖窿深档差 0.8－前领深档差 0.2	0	由于是公共线,故不推放
	底边	E	1.2	衣长档差 2－袖窿深档差 0.8	0	由于是公共线,故不推放
		E_1	1.2	同 E 点	0	同 E 点
		E_2	1.2	同 E 点	0.3	胸宽档差的 1/2
	腰节	F	0.2	腰长档差 1－袖窿深档差 0.8	0.3	胸宽档差的 1/2
	驳折点	G	0	由于是公共线,故不推放	0	由于是公共线,故不推放
前侧片	小肩线	A	0.6	袖窿深档差 0.8－肩高档差 0.2	0.3	肩宽档差的 1/2－0.2
		B	0.75	袖窿深档差 0.8－0.05	0	由于是公共线,故不推放
	前胸围	C	0	由于是公共线,故不推放	0.7	胸围档差的 1/4－0.3
	底边	D	1.2	衣长档差 2－袖窿深档差 0.8	0	由于是公共线,故不推放
		D_1	1.2	同 D 点	0.7	同 C 点
	腰节	E	0.2	腰长档差 1－袖窿深档差 0.8	0.7	同 C 点
后衣片	小肩线	A	0.75	袖窿深档差 0.8－0.05	0.2	肩宽档差的 1/5
		B	0.8	袖窿深档差 0.8	0.2	领宽档差 0.2
	后领	C	0.75	袖窿深档差 0.8－0.05	0	由于是公共线,故不推放
	衣长	D	1.2	衣长档差 2－袖窿深档差 0.8	0	由于是公共线,故不推放
		D_1	1.2	同 D 点	0.3	肩宽档差的 1/4
	腰节	E	0.2	腰长档差 1－袖窿深档差 0.8	0.3	同 D_1 点

续表 4-29

部位名称		部位代号	档差及计算公式			
			纵档差		横档差	
后侧片	小肩线	A	0.6	袖窿深档差 0.8－肩高档差 0.2	0.3	肩宽档差的 1/2－0.2
		B	0.75	袖窿深档差 0.8－0.05	0	由于是公共线，故不推放
	后胸围	C	0	由于是公共线，故不推放	0.7	胸围档差的 1/4－0.3＝0.7
	底边	D	1.2	衣长档差 2－袖窿深档差 0.8	0	由于是公共线，故不推放
		D_1	1.2	同 D 点	0.7	同 C 点
	腰节	E	0.2	背长档差 1－袖窿深档差 0.8	0.7	同 C 点
大袖片	袖山高	A	0.6	1.5/10 胸围档差	0	由于是公共线，故不推放
	袖肥	B	0.2	袖山高档差的 1/3	0.4	袖肥档差的 1/2
		C	0	由于是公共线，故不推放	0.4	同 B 点
	袖长	D	0.9	袖长档差 1.5－0.6	0.4	同 B 点
		D_1	0.9	袖长档差 1.5－0.6	0.1	袖口档差 0.5－0.4
	袖肘	E	0.15	袖长档差/2－0.6	0.4	同 B 点
		E_1	0.15	同 E 点	0.3	B 点档差 0.4－0.1
	袖衩	F	0.9	同 D_1 点	0.1	同 D_1 点
		F_1	0.9	同 D_1 点	0.1	同 D_1 点
小袖片	袖山高	A	0.2	袖山高档差的 1/3	0.8	袖肥档差的 1/2
	袖肥	B	0	由于是公共线，故不推放	0	由于是公共线，故不推放
	袖长	C	0.9	袖长档差 1.5－0.6	0	由于是公共线，故不推放
		C_1	0.9	袖长档差 1.5－0.6	0.5	袖口档差 0.5
	袖肘	D	0.15	袖长档差/2－0.6	0	由于是公共线，故不推放
		D_1	0.15	同 D 点	0.6	袖口档差 0.5＋0.1
	袖衩	E	0.9	袖长档差 1.5－0.6	0.5	同 C_1 点
		E_1	0.9	袖长档差 1.5－0.6	0.5	同 C_1 点

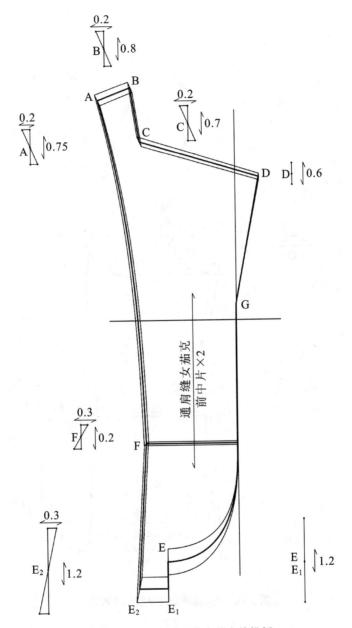

图 4-65 通肩缝女茄克前衣片推板

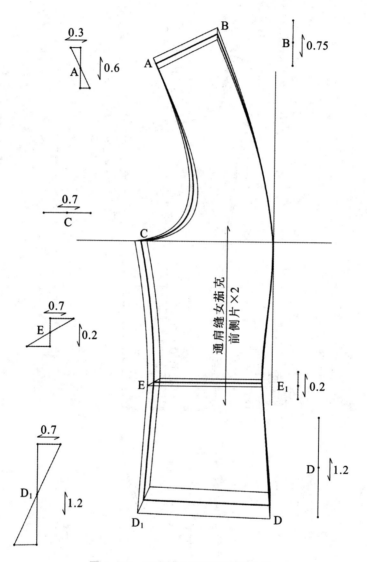

图4-66 通肩缝女茄克前侧片推板

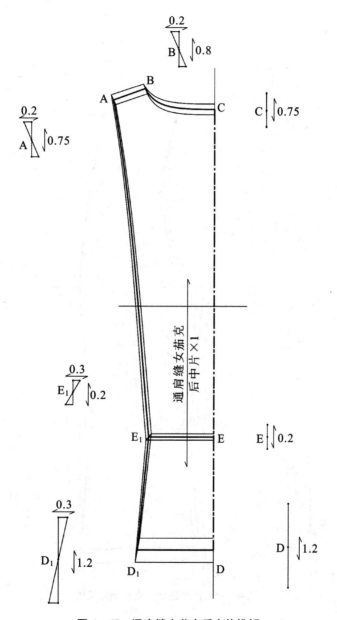

图 4-67 通肩缝女茄克后衣片推板

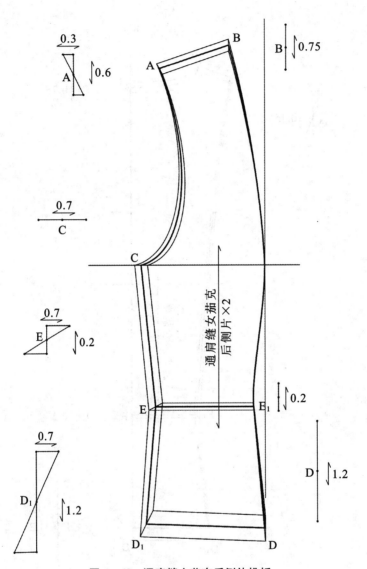

图 4-68 通肩缝女茄克后侧片推板

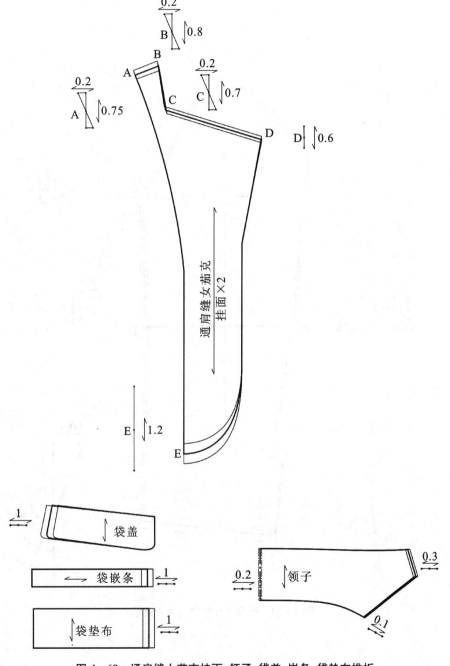

图 4-69 通肩缝女茄克挂面、领子、袋盖、嵌条、袋垫布推板

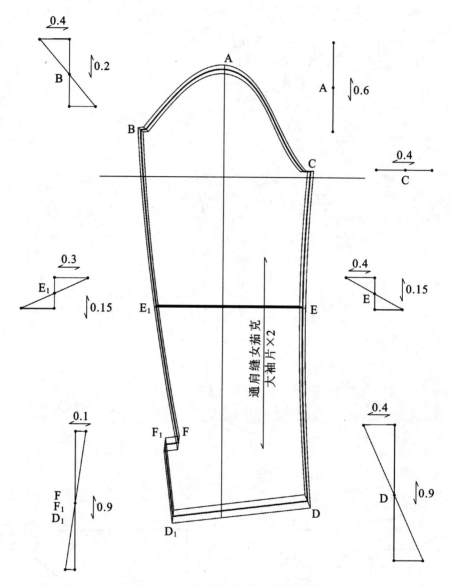

图 4-70 通肩缝女茄克大袖片推板

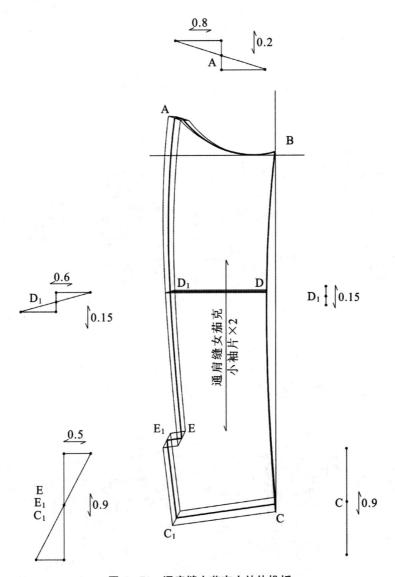

图 4-71 通肩缝女茄克小袖片推板

4.4 男西服的工业制板与推板

该款特征为平驳头,门襟止口圆角,单排两粒钮,左右双嵌线大袋,装袋盖,左右两侧设胸腰省、腋下省,左胸手巾袋一个,后身做背缝,圆装袖,袖口处做衩,并有三粒装饰钮。规格尺寸及图示说明见表4-30,工艺要求及缝制工艺说明见表4-31。

表4-30 男西服的规格尺寸及图示说明　　　　　　　　单位:cm

合约号	04NMKC2681	款号	2621136A	品名	男西服
规格尺寸					
部位 \ 号型		165/84A	170/88A	175/92A	档差
衣长	L	74	76	78	2
胸围	B	104	108	112	4
领大	N	39	40	41	1
肩宽	S	44.8	46	47.2	1.2
袖长	SL	58.5	60	61.5	1.5
袖口	CW	14.5	15	15.5	0.5
领座宽		2.5	2.5	2.5	0
翻领宽		3.5	3.5	3.5	0

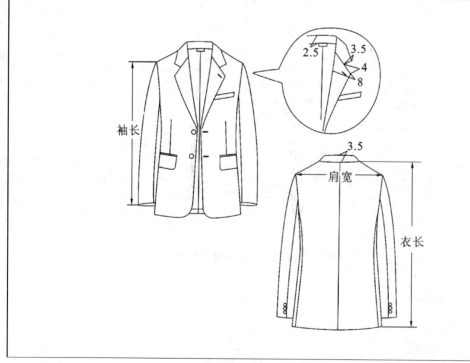

续表 4-30

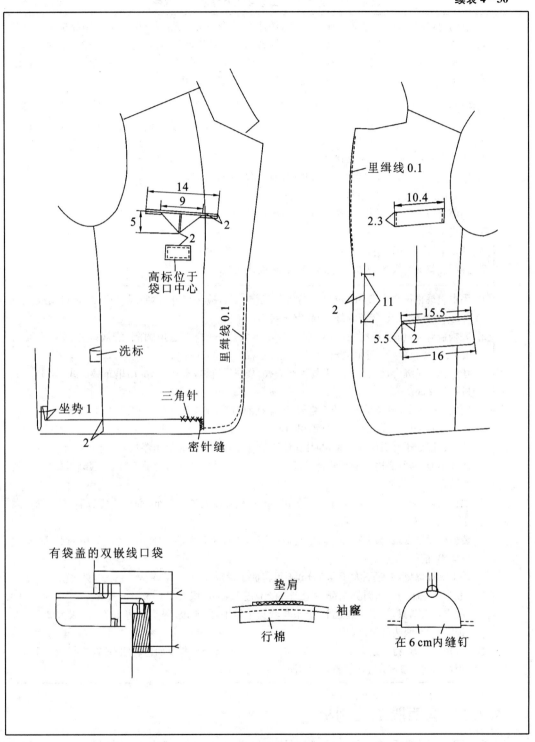

表 4-31　男西服的工艺要求及缝制工艺说明　　　　　　　　　　　　　　单位：cm

用衬部位	1. 有纺衬：1.2 m,使用部位有前片、挂面、侧片上部、领面；2. 无纺衬：0.5 m,使用部位有袖口贴边、底边、大袋、里袋嵌线；3. 黑炭衬、腈纶棉各 0.5 m,使用部位为挺胸衬；4. 树脂有纺衬 0.2 m,使用部位有领里衬、手巾袋口衬；5. 1.2 cm 宽直料粘带 3 m,使用部位有驳口线、驳头外口、串口、大身止口；6. 双面粘带 1 m,使用部位有领串口、领角、手巾袋口。					
辅料数量	垫肩	钮扣		袖山条	吊牌	款号贴纸	洗涤标
	1 副	大 2 个,备用 1 个	小 6 个,备用 1 个	1 副	1 个	1 只	1 只

工艺要求	1. 里子平服,坐缝合理,不起吊。 2. 门里襟长短一致,止口顺直,下摆角圆顺,美观,左右对称。 3. 压衬注意温度、牢度,粘衬不反胶。 4. 领面熨烫平服,丝绺拔正,领止口顺直,不反吐。 5. 规格正确。 6. 针距平缝 3 cm 13 针。 7. 各部位整烫无极光,表面不起泡,无污迹,无线头。

缝制工艺说明	1. 手巾袋规格符合要求,角度准确,与大身丝绺一致,缝头分开,缉暗线一道,封袋口缉线距边 0.2 cm,封线两道,袋布缝好,与收省缝摘牢。 2. 大袋盖对称,前端直丝绺,袋盖与大身丝绺角度一致,袋盖角圆顺,袋嵌线直料双嵌线宽 0.5 cm,袋布缝好与通底省缝摘牢。大袋左右高低进出一致。 3. 挂面与里子缝合,里子不紧,里袋为双嵌线,袋嵌线直料,宽 0.5 cm,用里布做嵌线,长 14 cm,进挂面 2 cm。 4. 缺嘴 4 cm,驳头平顺,上端挂面略松,下端挂面略紧,保持里外匀,挂面下端里口缉线 0.1 cm,上端大身里口缉线 0.1 cm。挂面里与正身摘牢。 5. 背缝领圈处拼好后应为整条,两片拼缝不能松紧,不起吊,背缝里略松,坐缝 1 cm。 6. 摆缝不能松紧,底边里子车缝合缉,里子坐缝 1 cm,贴边 3 cm,用手工摘牢,摆缝里面摘牢,松紧适宜。 7. 袖口用衬,袖口贴边 3 cm,袖衩净长 10 cm,袖里袖口处坐缝 1 cm,面里袖缝摘牢,左右袖口大小一致,左右袖子长短一致。 8. 装袖松紧适宜,缝头宽窄一致,装上前后适宜,左右袖对称,垫肩伸出 1 cm 摘牢,保持平服,面里摘牢,前园后登。 9. 手工操袖窿里,针距不大于 0.5 cm,不可将面子操牢。 10. 驳头插花眼与驳角斜势相符,离上 3.5 cm,进 1.5 cm,眼大 1.6 cm。 11. 门襟锁眼两只,下眼与袋盖平,上眼与驳头下端平,圆头眼,眼头距边 1.7 cm,眼大 2.2 cm,锁眼美观,眼头圆顺。 12. 钉扣"="形,钉钮距边 1.9 cm,绕脚高 0.3 cm,里襟上钉扣反面钉轧钮;袖衩样钮距边 1 cm,距袖口边 3.5 cm,钉扣三粒,钉扣牢固。

4.4.1　男西服工业制板

该款制图采用中间号型 175/92A,胸围加放松量 18～22 cm,领围加放松量 4 cm,总肩宽加放 0～3 cm 左右,袖长加放 2 cm 左右。结构制图见图 4-72、图 4-73 所示。在净样的基础上,四周加上缝份,在需要标位处打剪口,完成男西服的样板见图 4-74～图 4-78 所示。

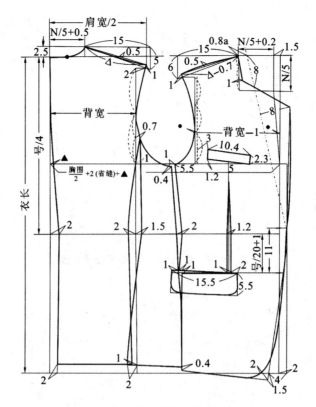

图 4-72 男西服衣身结构制图

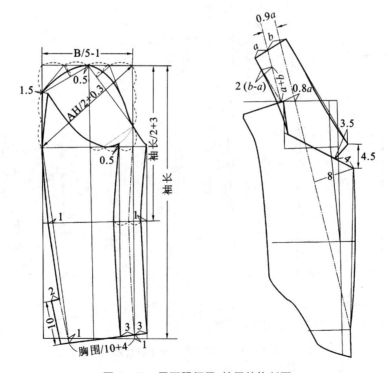

图 4-73 男西服领子、袖子结构制图

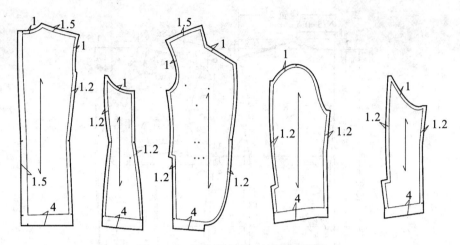

图 4-74 男西服衣身、袖子面子样板

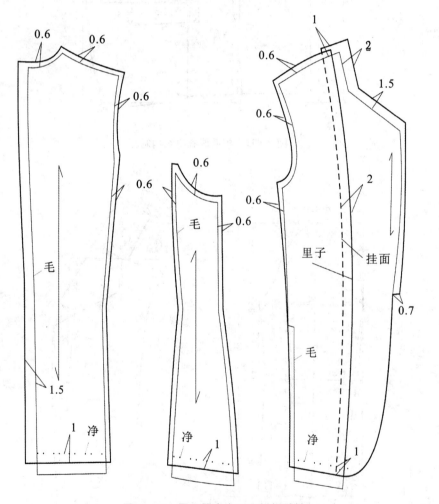

图 4-75 男西服衣身里子样板放缝

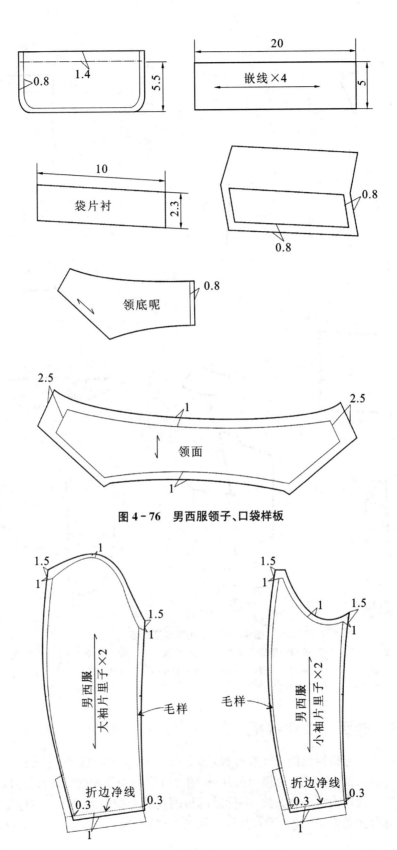

图 4-76 男西服领子、口袋样板

图 4-77 男西服袖子里子样板

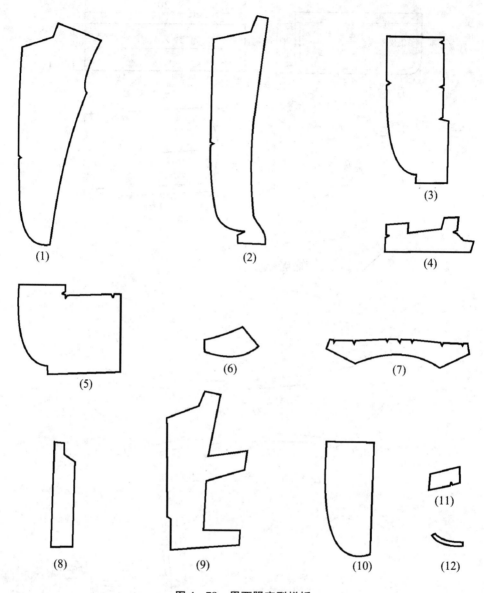

图 4-78 男西服定型样板

(1) 前身核对定型板； (2) 止口定型板； (3) 前胸省定型板； (4) 胸手巾袋定型板； (5) 大袋定型板；
(6) 领角定型板； (7) 领面定型板； (8) 后开衩定型板； (9) 里袋定型板； (10) 扣位定型板；
(11) 假眼定型板； (12) 领窝定型板

4.4.2 男西服工业推板

选取中间号型规格样板作为标准母板，选定衣片前、后中心线、袖中线作为推板时的纵向公共线，胸围线、袖山高线作为横向公共线，侧片以胸围线作为横向公共线，以侧身片胸围线中点处所在垂线作为纵向公共线，在标准母板的基础上推出大号和小号标准样板。各部位档差及计算公式见表 4-32。各衣片推板见图 4-79～图 4-83 所示。

表 4－32　男西服推板档差及计算公式　　　　　　　　　　　单位:cm

部位名称		部位代号	档差及计算公式			
			纵档差		横档差	
前衣片	小肩线	A	0.8	袖窿深档差 0.8	0.2	领宽档差 0.2
		B	0.6	袖窿深档差 0.8－肩高档差 0.2	0.6	肩宽档差的 1/2＝0.6
	前领深	C	0.7	袖窿深档差 0.8－前领深档差的 1/2	0.2	同 A 点
		D	0.6	袖窿深档差 0.8－前领深档差 0.2	0	由于是公共线,故不推放
	前胸围	E	0	由于是公共线,故不推放	0.6	胸宽档差 0.6
	衣长	F	1.2	衣长档差 2－袖窿深档差 0.8	0	由于是公共线,故不推放
		F_1	1.2	同 F 点	0	同 F 点
		F_2	1.2	同 F 点	0.6	同 E 点
	腰节长	G	0.2	腰长档差 1－袖窿深档差 0.8	0.6	同 E 点
	胸宽	H	0.2	袖窿深档差的 1/3	0.6	胸宽档差 0.6
	口袋位	I	0.2	同 G 点	0.3	1/2 胸宽档差
		I_1	0.2	同 G 点	0.6	同 G 点
		I_2	0.2	同 G 点	0.6	同 G 点
	省道	J	0	同 E 点	0.3	同 I 点
		J_1	0.2	同 I 点	0.3	同 I 点
		J_2	0.2	同 I 点	0.3	同 I 点
		J_3	0.2	同 I 点	0.3	同 I 点
		J_4	0.2	同 I 点	0.3	同 I 点
	胸袋位	K	0	同 E 点	0.4	胸袋档差 0.4
		K_1	0	不推放	0	不推放
侧片	袖窿弧线	A	0.2	袖窿深档差的 1/3	0.4	袖窿宽档差的 1/2＝0.4
		B	0	由于是公共线,故不推放	0.4	袖窿宽档差的 1/2＝0.4
	衣长	C	1.2	衣长档差 2－袖窿深档差 0.8	0.4	同 B 点
		C_1	1.2	同 C 点	0.4	同 A 点
	腰节长	D	0.2	腰长档差 1－袖窿深档差 0.8	0.4	同 B 点
		D_1	0.2	同 D 点	0.4	同 A 点

续表 4－32

部位名称		部位代号	档差及计算公式			
			纵档差		横档差	
后衣片	小肩线	A	0.6	袖隆深档差 0.8－肩高档差 0.2	0.6	肩宽档差的 1/2
		B	0.8	袖隆深档差 0.8	0.2	领宽档差 0.2
	袖隆深	C	0.2	袖隆深档差的 1/3	0.6	背宽档差 0.6
	后领	D	0.75	袖隆深档差 0.8－0.05	0	由于是公共线，故不推放
	衣长	E	1.2	衣长档差 2－袖隆深档差 0.8	0.6	背宽档差
		E_1	1.2	同 E 点	0	由于是公共线，故不推放
	背长	F	0.2	背长档差 1－袖隆深档差 0.8	0.6	背宽档差
		F_1	0.2	同 F 点	0	由于是公共线，故不推放
大袖片	袖山高	A	0.6	袖山高档差 0.6	0	由于是公共线，故不推放
	袖肥	B	0.2	袖山高档差的 1/3	0.4	袖肥档差的 1/2
		C	0	由于是公共线，故不推放	0.4	同 B 点
	袖长	D	0.9	袖长档差 1.5－0.6	0.4	同 B 点
		D_1	0.9	袖长档差 1.5－0.6	0.1	袖口档差的 1/2－0.4
	袖肘	E	0.15	袖长档差/2－0.6	0.4	同 C 点
		E_1	0.15	袖长档差/2－0.6	0.3	B 点档差 0.4－0.1
	袖衩	$F、F_1$	0.9	同 D_1 点	0.1	同 D_1 点
小袖片	袖山高	A	0.2	袖山高档差的 1/3	0.8	袖肥档差 0.8
	袖肥	B	0	由于是公共线，故不推放	0	由于是公共线，故不推放
	袖长	C	0.9	袖长档差 1.5－0.6	0	由于是公共线，故不推放
		C_1	0.9	袖长档差 1.5－0.6	0.5	袖口档差 0.5
	袖肘	D	0.15	袖长档差/2－0.6	0	由于是公共线，故不推放
		D_1	0.15	袖长档差/2－0.6	0.6	袖口档差 0.5＋0.1
	袖衩	$E、E_1$	0.9	袖长档差 1.5－0.6	0.5	同 C_1 点

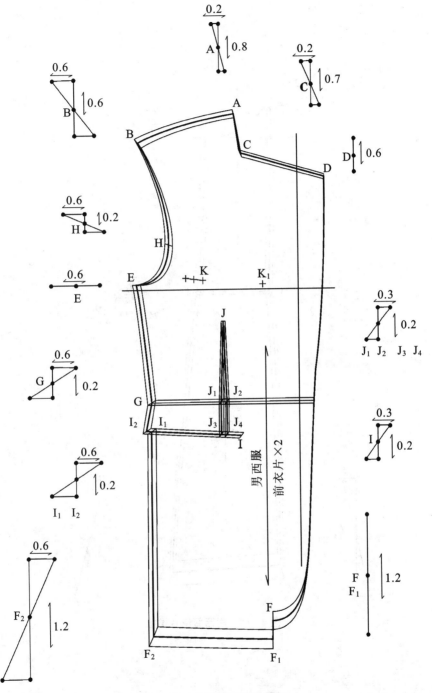

图 4-79 男西服前衣片推板

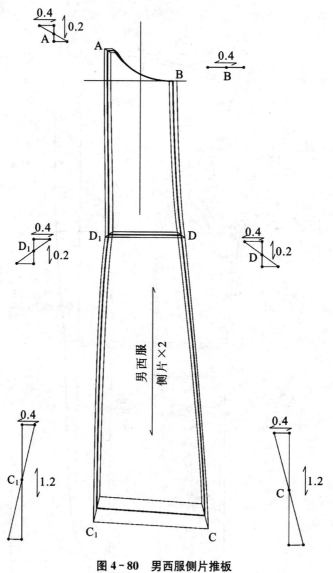

图 4-80 男西服侧片推板

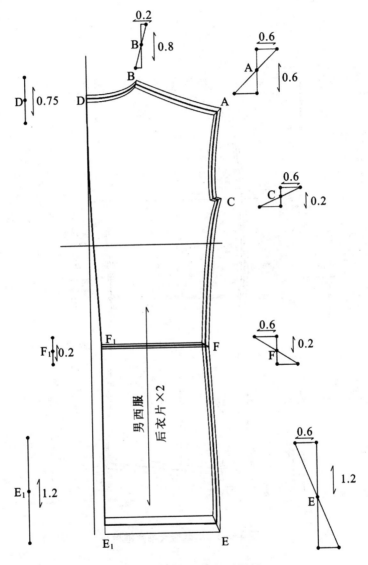

图 4-81 男西服后衣片推板

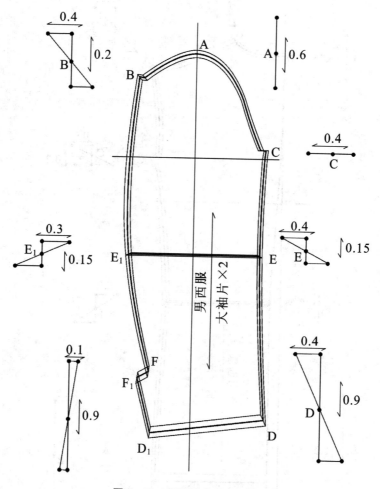

图 4-82 男西服大袖片推板

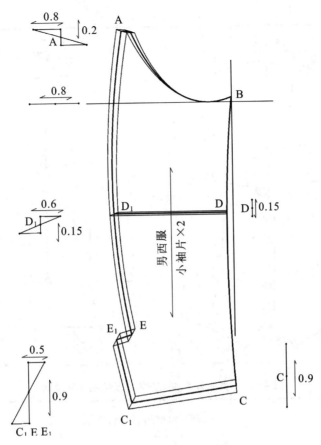

图 4-83 男西服小袖片推板

4.5 西服背心的制板与推板

西服背心是男西服的配套产品,前身面料与西服面料相同,后背面料用西服的夹里料。外形为"V"字领,单排扣,五粒钮,四开袋,侧缝底摆开衩,后腰束腰带。规格尺寸及图示说明见表 4-33,工艺要求及缝制工艺说明见表 4-34。

表 4-33 西服背心的规格尺寸及图示说明　　　　　　单位:cm

合约号	06NMKC2681	款号	2006A	品名	西服背心
规格尺寸					
部位＼号型	部位代码	165/84A	170/88A	175/92A	档差
衣长	L	55	57	59	2
腰节高	WL	41.5	42.5	43.5	1
胸围	B	88	92	96	4
肩宽	S	34.8	36	37.2	1.2
领围	N	39	40	41	1

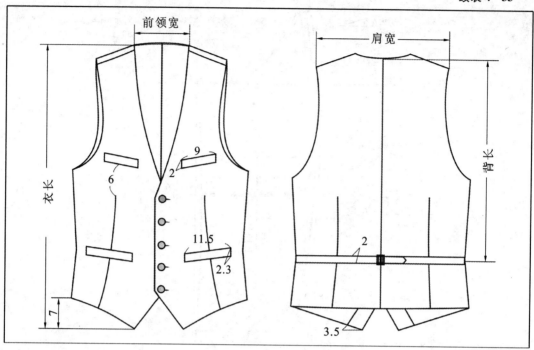

表4-34 西服背心的工艺要求及缝制工艺说明　　　　　　　　单位:cm

用衬部位	袋嵌条、贴边、挂面、袋位						
辅料数量	垫肩	钮扣	腰带扣	洗涤标	吊牌	款号贴纸	规格标
	0个	6个	1只	1只	1个	1个	1个

工艺要求	1. 缝线不起皱,松紧一致。针距密度均匀,回针牢固。 2. 撬边不暴针。 3. 压衬注意温度、牢度,粘衬不反胶。 4. 不允许烫极光,不能有污迹线头,钉钮牢固。 5. 规格正确。 6. 针距平缝3 cm 15针。 7. 蒸汽不能喷多。
缝制工艺说明	1. 平缝针距:15针/3 cm。 2. 缝份:后中放1.5 cm缝份,领圈、袖窿放0.8 cm缝份,其余按1 cm缝份。 3. 前省缉实后,缝份剪开分缝,成品省尖牢固平服,左右省对称。 4. 后省缝份向后中分开倒,左右省尖缉实对称。 5. 袋子定位准确,大袋长11.5 cm,宽2.3 cm,小袋长9 cm,宽2 cm,袋子两端缉0.1 cm明线来回针。 6. 领口、袖窿、衣底摆做0.2 cm里外匀,里子不反吐。 7. 背部平服,背缝顺直,不起吊,摆衩高低一致。 8. 前衣片弧形下摆弧线圆顺,左右下摆弧形对称。 9. 各部位整烫平服,整洁美观。 10. 左摆缝里距底边10 cm向上夹装洗涤标,备用扣钉在洗涤标上。 11. 左门襟锁圆头眼5只,眼大18 mm,扣大15 mm。 12. 包装,吊排挂在第一钮眼上。

4.5.1 西服背心工业制板

该款制图采用中间号型 170/88A,胸围加放松量 4 cm,领围加放松量 3~4 cm,总肩宽减少 8 cm 左右,结构制图见图 4-84 所示。在净样的基础上,四周加上缝份,在需要标位处打剪口,完成西服背心的样板见图 4-85 所示。

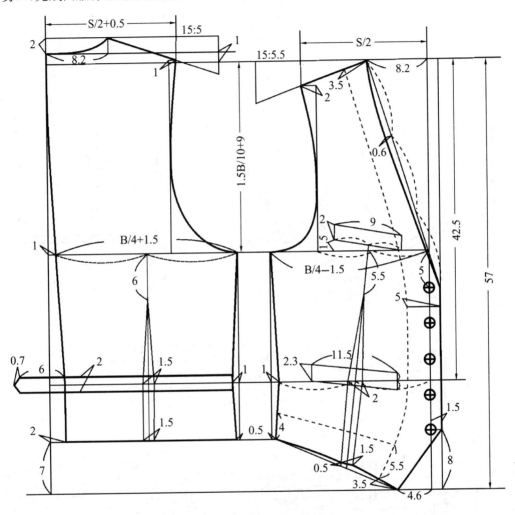

图 4-84 西服背心结构制图

4.5.2 西服背心工业推板

选取中间号型规格样板作为标准母板,选定衣片前、后中心线作为推板时的纵向公共线,胸围线作为横向公共线,在标准母板的基础上推出大号和小号标准样板。各部位档差及计算公式见表 4-35,各衣片推板见图 4-86、图 4-87 所示。

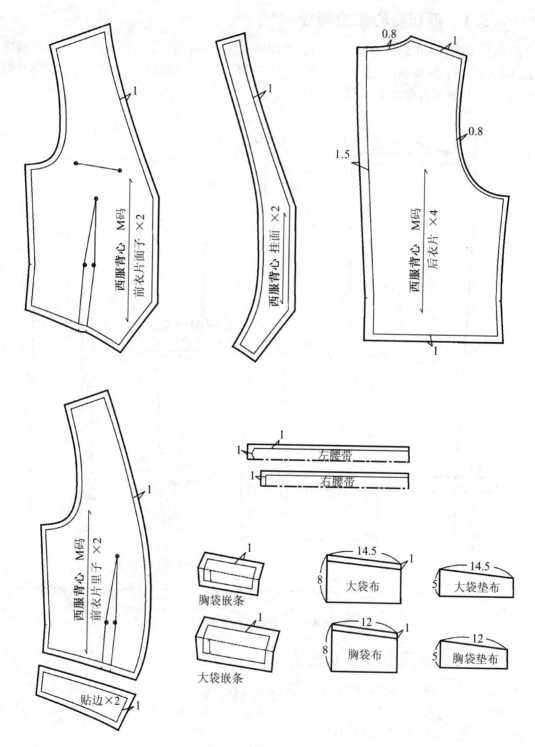

图 4-85 西服背心样板

表 4-35 西服背心推板档差及计算公式　　单位:cm

部位名称		部位代号	档差及计算公式			
			纵档差		横档差	
前衣片	小肩线	A	0.6	袖窿深档差0.8－肩高档差0.2	0.6	肩宽档差的1/2
		B	0.8	袖窿深档差。1/5胸围档差	0.2	前横开领宽的档差0.2
	前胸围	C	0	因在公共线上,故不用推放	1	胸围档差的1/4＝1
	衣长	D	1.2	衣长档差2－袖窿深档差0.8	1	同C点
		E	1.2	同D点	0	因在坐标线上,故不用推放
		F	1.2	同D点	0.2	D点横向放码值的1/5
	腰节	G	0.2	腰节档差1－袖窿深档差0.8	1	胸围档差的1/4
	省道	H_1	0	因靠近公共线,故不用推放	0.3	胸宽档差的1/2
		H_2、H_3	0.2	同G点	0.5	C点横向放码值的1/2
		H_4、H_5	1.2	同F点	0.5	同H_2点
	胸袋	I	0	因靠近公共线,故不用推放	0.6	胸袋大的档差0.6
	钮位	第一钮位	0	因靠近公共线,故不用推放	0	因在公共线上,故不用推放
		第二钮位	0.3	E点纵向放码值的1/4	0	同E点
		第三钮位	0.6	E点纵向放码值的1/2	0	同E点
		第四钮位	0.9	E点纵向放码值的3/4	0	同E点
		第五钮位	1.2	同E点	0	同E点
后衣片	小肩线	A	0.6	袖窿深档0.8－肩高档差0.2	0.6	肩宽档差的1/2
		B	0.8	袖窿深档差。1/5胸围档差	0.2	后横开领宽的档差0.2
	后领深	C	0.75	袖窿深档0.8－0.05	0	因在公共线上,故不用推放
	前胸围	D	0	因在公共线上,故不用推放	1	胸围档差的1/4
	衣长	E	1.2	衣长档差2－袖窿深档差0.8	1	同D点
		F	1.2	同E点	0	因在公共线上,故不用推放
	腰节	G	0.2	腰节档差1－袖窿深档差0.8	1	同D点
	省道	H_1	0	纵向不用推放	0.5	D点档差的1/2
		H_2、H_3	0.2	同G点	0.5	G点横向放码值的1/2
		H_4、H_5	1.2	同F点	0.5	同H_2点

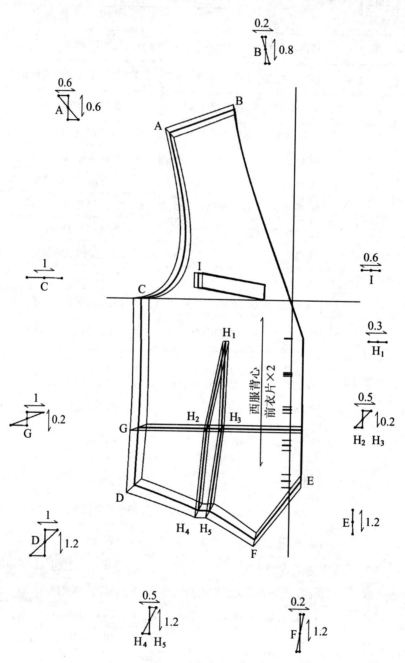

图 4-86 西服背心前衣片推板

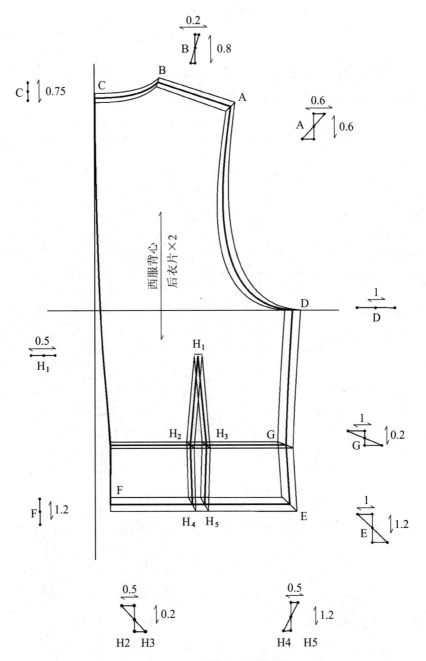

图 4-87 西服背心后衣片推板

4.6 柴斯特大衣的制板与推板

柴斯特大衣的特点是双排扣、戗驳头。大衣的整体结构采用六片身，以强调X造型。由于大衣的面料较厚，戗驳头的领角要适当增大。袖子属于两片袖，但是大衣的袖长要比套装袖长长一些。面料选用纯毛或混纺、化纤、中厚型精纺呢、粗纺呢等。柴斯特大衣的规格尺寸及图示说明见表4-36、工艺要求及缝制工艺说明见表4-37。

表4-36 柴斯特大衣的规格尺寸及图示说明　　　　　　　　　单位：cm

合约号	03NMKC2615	款号	2621118A	品名	柴斯特大衣
规格尺寸					
部位＼号型		165/84A	170/88A	175/92A	档差
衣长	L	104	107	110	3
背长	BL	43	44	45	1
胸围	B	106	110	104	4
领围	N	39	40	41	1
肩宽	S	44.8	46	47.2	1.2
袖长	SL	58.5	60	61.5	1.5
袖口	CW	16	16.5	17	0.5
手巾袋宽		10.7	11	11.3	0.3
大袋宽		15.5	16	15.5	0.5

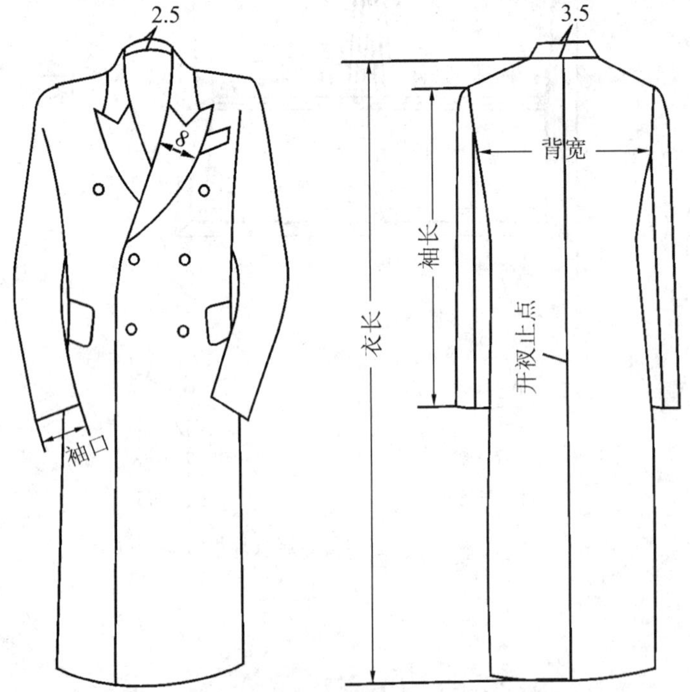

表 4-37 柴斯特大衣的工艺要求及缝制工艺说明　　　　　　　　　　　　　　单位：cm

材料	面料：毛呢；里料：美丽绸					
用衬部位	挂面、袋盖、领面、领里、手巾袋、袖口、底边、袋嵌线					
辅料	钮扣	洗涤标	吊牌	胶袋	薄纸	垫肩
数量	6粒	1只	1个	1个	1张	1副
工艺要求	1. 压衬时注意温度、牢度、粘衬不反胶。 2. 不能有污迹、线头，不允许烫极光，钉钮扣要牢固。 3. 线头不起皱，松紧一致，针距密度均匀，回针牢固。 4. 撬边不暴针。 5. 规格正确。					
缝制工艺说明	1. 前身双开线带袋盖口袋左右各一只，嵌线宽0.6 cm×2，袋盖圆角。 2. 面：后中缝1.5 cm分开缝。前后拼缝，大小袖缝1.2 cm，均分开缝。里：后中缝1.7 cm，烫0.3 cm坐势向前倒，侧缝均是1.2 cm，烫0.3 cm坐势向前倒。大小袖缝1.2 cm，烫0.3 cm坐势。 3. 夹翻门里襟，做缝分层剪掉，内切0.1 cm的止口，驳口切止口切实光边。要有里外匀。 4. 夹翻领面里，分层剪掉，内切0.1 cm的止口，绱领脚面分开缝，上下切0.1 cm止口，里向上倒，切0.1 cm止口。中段摘实。绱领分开缝，里面摘实。 5. 袖口折边4 cm，袖衩不反翘，袖衩净长10 cm，叠2 cm，里1 cm坐势。绱袖曲势均匀。 6. 后中开衩向左倒，衩长58.5 cm，衩叠4.5 cm。上口暗封实，衩下口不反吐。 7. 底边折边4 cm，里烫1 cm坐势距边2 cm，里面用三角针固定。 　　左摆缝里面底边向上40 cm钉洗涤标。 8. 针距：平缝3 cm 12针。 9. 做门襟锁圆头眼3只，26 mm，扣大23 mm，钉扣绕脚0.3 cm，备用扣钉在洗涤带上。 10. 整烫注意极光，各部位熨烫不起皱。					

4.6.1 柴斯特大衣工业制板

柴斯特大衣的制图采用中间号型170/88A,胸围加放松量22 cm。结构制图见图4-88、图4-89所示。在净样的基础上四周加放缝份,在需要标位处打剪口。在省尖处打孔定位,完成柴斯特大衣的面布样板,见图4-90、图4-91所示。里布样板,见图4-92所示。

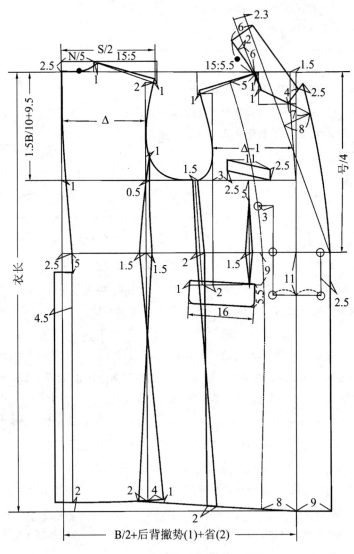

图4-88 柴斯特大衣前后片制图

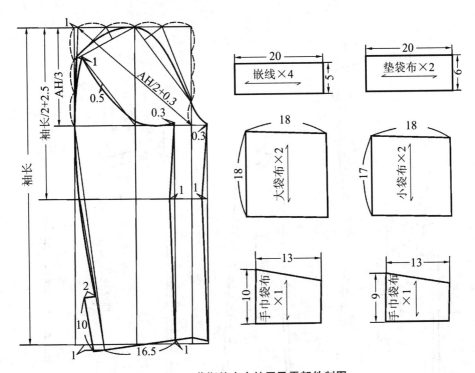

图 4-89 柴斯特大衣袖子及零部件制图

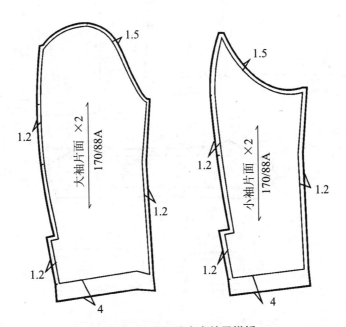

图 4-90 柴斯特大衣袖子样板

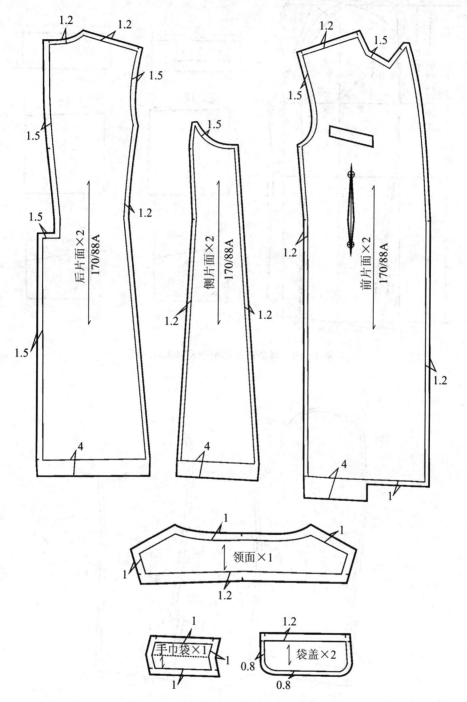

图 4-91 柴斯特大衣大身及零部件样板

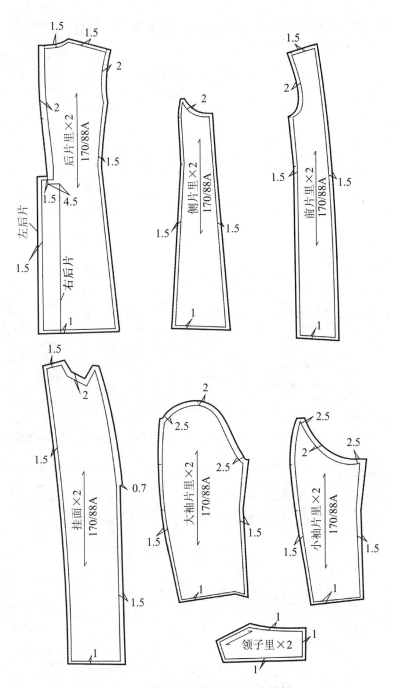

图 4-92 柴斯特大衣大身里布样板

4.6.2 柴斯特大衣工业推板

选取中间号型规格样板作为母板，前片选定胸宽线作为推板时的纵向公共线，胸围线作为推板时的横向公共线；后片选定后中线作为推板时的纵向公共线，胸围线作为推板时的横向公共线；侧片选定胸围线作为推板时的横向公共线，侧片中心线作为推板时的纵向公共线；大小袖片选定袖内缝线作为推板时的纵向公共线，袖山底线作为推板时的横向公共线。

在标准母板的基础上推出大号和小号标准样板。各部位档差计算公式见表4-38,各衣片推板见图4-93~图4-97所示。

表4-38 柴斯特大衣各部位档差及计算公式　　　　　　　　　　　　　单位:cm

部位名称		部位代号	档差及计算公式			
			纵档差		横档差	
后衣片	肩线	B	0.8	1/5 胸围的档差	0.2	领围的档差/5
		C	0.6	袖隆深档差0.8-肩高档差0.2	0.6	肩宽的档差/2
	后中心线	A	0.75	袖隆深档差0.8-0.05	0	由于是公共线,A=0
		O	0	由于是公共线,O=0	0	由于是公共线,O=0
		I、H、K	0.2	背长档差1-B点纵向档差0.8	0	由于是公共线,I=H=K=0
		G	2.2	衣长档差3-B点纵向档差0.8	0	由于是公共线,G=0
	分割线	D	0	由于是公共线,D=0	0.6	1.5胸围的档差/10
		J	0.15	C点纵向档差/4	0.6	同D点
		E	0.2	同I点	0.6	同D点
		F	2.2	同G点	0.6	同D点
前衣片	肩线	A	0.8	1/5 胸围的档差	0.4	肩宽的档差/2-领围的档差0.2
		E	0.6	袖隆深档差0.8-肩高档差0.2	0	靠近公共线,不变化
	串口线	B	0.7	袖隆深档差0.8-领深档差/2	0.4	肩宽的档差/2-领宽的档差0.2
		C、D、W	0.6	袖隆深档差0.8-领深档差0.2	0.6	1.5/10 胸围的档差=0.6
	胸围线	O	0	由于是公共线,O=0	0	由于是公共线,O=0
		F	0	由于是公共线,F=0	0.2	胸宽档差/3
	腰围线	J	0.2	背长档差1-A点纵向档差0.8	0.2	同F点
	驳点	G	0.2	同J点	0.6	同D点
	下摆线	I	2.2	衣长档差3-A点纵向档差0.8	0.2	同F点
		H	2.2	同I点	0.6	同D点
		S、Q	2.2	同I点	0	不变化
	省	M	0	不变化	0.3	[1.5胸围的档差/10]/2
		N、U	0.2	同J点	0.3	同M点
		P	0.45	腰线纵向0.2+号档差/20	0.3	同M点
	手巾袋	K	0	不变化	0.3	手巾袋档差0.3
	大袋	R	0.45	同P点	0.3	同P点
		T	0.45	同R点	0.3	同R点

续表 4-38

部位名称		部位代号	档差及计算公式			
			纵档差		横档差	
侧片	胸围线	G、B	0	由于是公共线，B=G=0	0.3	[胸围档差/2－后片胸围上的变化量0.6－前片胸围上的变化量0.8]/2
	袖窿线	A、H	0.15	同后片上的点J的纵向变化量	0.3	同G点
		O	0	由于是公共线，O=0	0	由于是公共线，O=0
	腰围线	C、F	0.2	同前后片腰线纵向变化量	0.3	同B点
	下摆线	D、E	2.2	同前后片下摆纵向档差	0.3	同C点
大袖片	袖肥线	O、L	0	由于是公共线，O=0	0	由于是公共线，O=0
		C	0	由于是公共线，C=0	0.8	胸围的档差/5
	袖窿线	A	0.6	1.5胸围档差/10	0.4	B点档差/2
		B、K	0.2	A点纵向档差/3	0.8	同C点
	袖肘线	D	0.15	袖长档差/2－A点的纵向档差0.6	0.65	[C的横向档差0.8+E的横向档差0.5]/2
		G	0.15	同D点	0	由于是公共线，G=0
	袖口线	E	0.9	袖长档差1.5－A点纵向档差0.6	0.5	袖口档差=0.5
		F	0.9	同E点	0	由于是公共线，F=0
	袖衩线	H、J	0.9	同E点	0.5	同E点
小袖片	袖肥线	O、J	0	由于是公共线，O=0	0	由于是公共线，O=0
		B	0	由于是公共线，B=0	0.8	胸围的档差/5
	袖窿线	A、K	0.2	同大袖片B点	0.8	同B点
	袖肘线	C	0.15	袖长档差/2－A点的纵向档差0.6	0.65	[B的横向档差0.8+D的横向档差0.5]/2=0.65
		F	0.15	同C点	0	由于是公共线，F=0
	袖口线	D	0.9	同大袖片E点	0.5	袖口档差=0.5
		E	0.9	同D点	0	由于是公共线，E=0
	袖衩线	G、H	0.9	同D点	0.5	同D点
领子		O	0	由于是公共线，O=0	0	由于是公共线，O=0
		A、B	0	不变化	0.3	领围的档差/2=0.5 分配0.3在后中心线
		C、D	0	不变化	0.2	领围的档差/2=0.5 分配0.2在后中心线

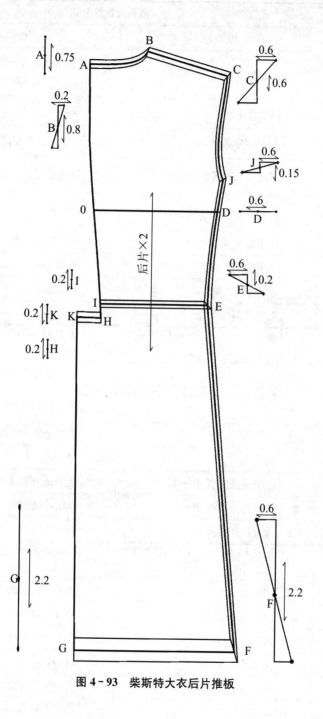

图 4-93 柴斯特大衣后片推板

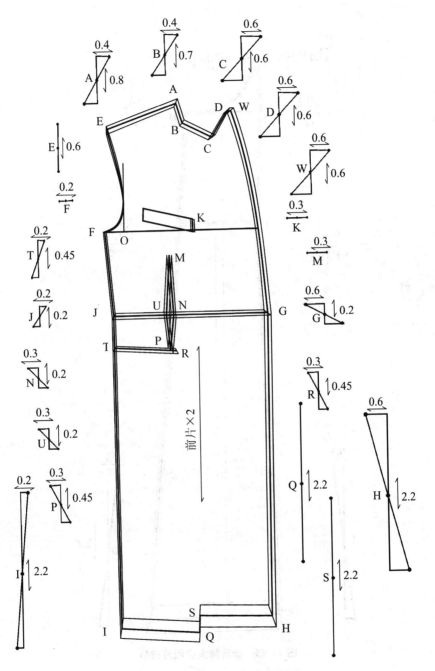

图 4-94　柴斯特大衣前片推板

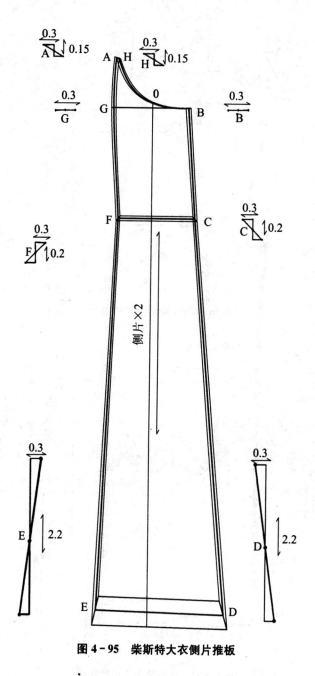

图 4-95 柴斯特大衣侧片推板

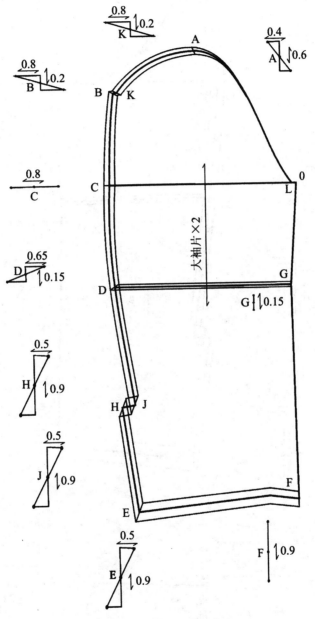

图 4-96 柴斯特大衣袖片推板

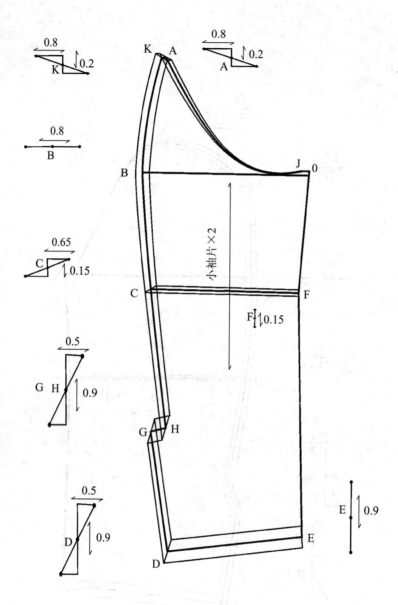
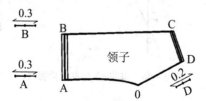

图 4-97 柴斯特大衣小袖片及领推板

4.7 旗袍的制板与推板

旗袍的特点是立领、装袖、偏襟,前身收侧胸省和胸腰省,后身收腰省,领口、偏襟钉葡萄钮 2 副,领口、偏襟、袖口、摆衩、底边均嵌线滚边。旗袍的规格尺寸及图示说明见表 4-39,工艺要求及缝制工艺说明见表 4-40。

表 4-39 旗袍的规格尺寸及图示说明　　　　　　　单位:cm

合约号	03NMKC2623	款号	2621144A	品名	旗袍
规格尺寸					

部位	号型	155/80A	160/84A	165/88A	档差
衣长	L	117	120	123	3
背长	BL	39	40	41	1
胸围	B	88	92	96	4
领围	N	35	36	37	1
肩宽	S	37	38	39	1
腰围	W	66	70	74	4
臀围	H	90	94	98	4

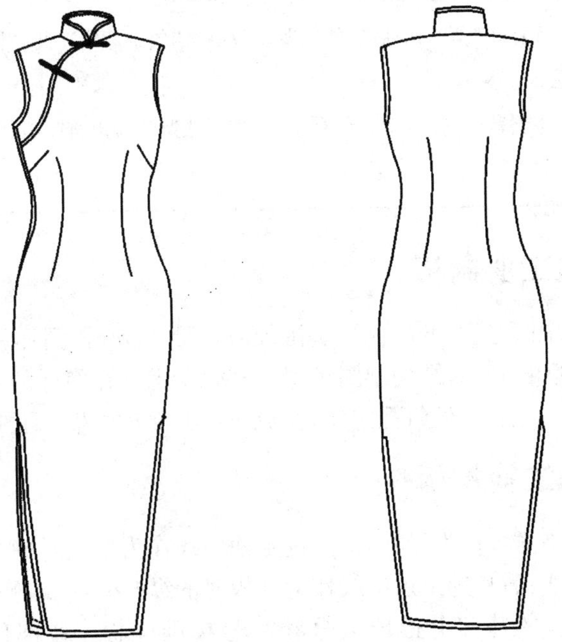

表 4-40 旗袍的工艺要求及缝制工艺说明　　　　　　　　　单位:cm

材料	面	真丝软缎						
	里	真丝电力纺						
用衬部位	领面:树脂粘合衬;粘牵带部位:前衣片大襟弧线至右侧缝再至开衩止点下方3cm处,左侧缝开衩止点下3cm处始向上18cm,后衣片袖窿下至开衩止点下方3cm处,袖窿部位。							
辅料	葡萄钮	洗涤标	吊牌	胶袋	隐形拉链	滚条	嵌线	
数量	2副	1只	1个	1个	1根	5m	5m	
工艺要求	1. 尺寸符合规格要求。 2. 领头两边圆顺对称,上领两端平齐。 3. 滚边宽窄一致,顺直平服。 4. 开衩平服,长短一致,夹里平服。							
缝制工艺说明	1. 滚条缉好后,宽0.3~0.4cm。 2. 滚条反面用手工针缲牢。 3. 衣片底边与夹里脱开,底边滚条反面用手工针缲在大身反面上,夹里底边卷光后缉0.1cm止口,缉线距底边1cm,夹里底边距面子底边1~2cm。 4. 合缉摆缝时,将复好夹里的前后衣片按要求放好,四层一起缉。装拉链一边缉至拉链封口处。 5. 摆衩上端打套结。 6. 滚条应以45°正斜裁剪,应尽量避免有接头,如无法避免应以直丝拼接。							

4.7.1 旗袍工业制板

旗袍的制图采用中间号型 160/84A,胸围加放松量8cm,腰围加放松量4cm,臀围加放松量4cm,领大加放松量3cm,结构制图见图4-98所示。在净样的基础上四周加放缝份,在需要标位处打剪口。在省尖处打孔定位,完成旗袍的面布样板,见图4-99所示。

4.7.2 旗袍工业推板

选取中间号型规格样板作为母板,前片选定前中线作为推板时的纵向公共线,胸围线作为推板时的横向公共线;后片选定后中线作为推板时的纵向公共线,胸围线作为推板时的横向公共线;在标准母板的基础上推出大号和小号标准样板。各部位档差计算公式见表4-41,各衣片推板见图4-100~图4-102所示。

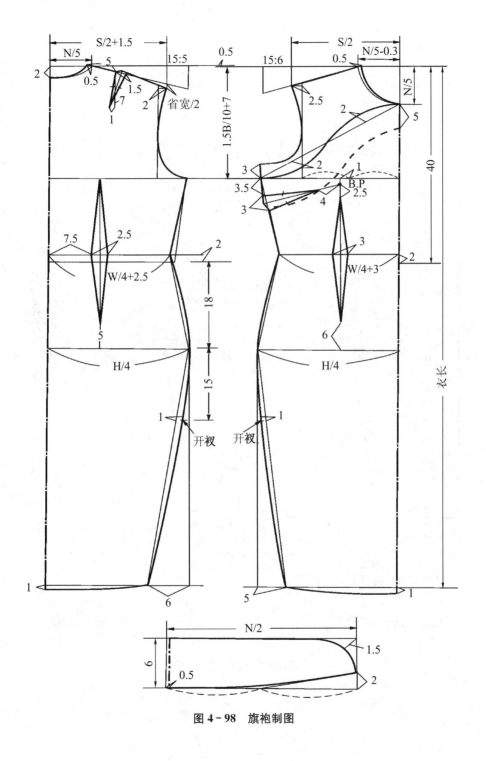

图 4-98 旗袍制图

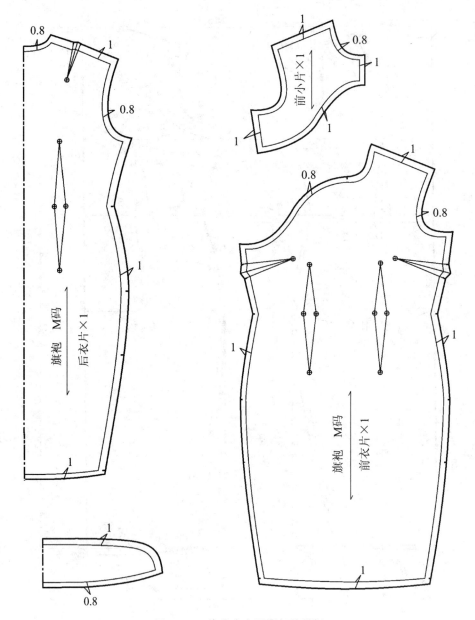

图 4-99 旗袍大身及零部件样板

表 4－41　旗袍前衣片推板档差及计算公式　　　　　　　　　　单位：cm

部位名称		部位代号	档差及计算公式			
			纵档差		横档差	
前衣片	小肩线	A	0.8	袖窿深档差 0.8	0.2	领宽档差 0.2
		B	0.6	肩斜档差 0.2,因 A 点已推 0.8,故该点推 0.8－0.2	0.5	肩宽档差的 1/2
	前领深	C	0.6	前领深档差 0.2,由于 A 点已推 0.8,故该点推 0.6	0	由于是公共线,故不推板
	胸围线	D	0	由于是公共线,故不推板	1	胸围档差的 1/4
		D_1	0	同 D 点	1	同 D 点
	腰节线	E	0.2	腰节档差 1,因 A 点已推 0.8,故该点推 0.2	1	胸围档差的 1/4
		E_1	0.2	同 E 点	1	同 E 点
	臀高线	F	0.5	臀高档差 0.3＋0.2	1	臀围档差的 1/4
		F_1	0.5	同 F 点	1	同 F 点
	衩位	G	0.5	同 F 点	1	同 F 点
		G_1	0.5	同 F 点	1	同 F_1 点
	下摆	H	2.2	衣长档差 3－0.8	1	摆围档差的 1/4
		H_1	2.2	同 H 点	1	同 H 点
	左腰省	I	0	省尖距 BP 的距离统码	0.3	胸宽档差的 1/2
		I_1、I_2	0.2	同 E 点。	0.3	同 I 点
		I_3	0.5	同 F 点	0.3	同 I 点
	右腰省	K	0	同 I 点	0.3	同 I 点
		K_1、K_2	0.2	同 I_2 点	0.3	同 I 点
		K_3	0.5	同 I_3 点	0.3	同 I 点
	侧省	J、J_1	0	同 I 点	0.3	同 I 点
前小片	小肩线	A	0.8	袖窿深档差 0.8	0.2	领宽档差 0.2
		B	0.6	肩斜档差 0.2,因 A 点已推 0.8,故该点推 0.8－0.2	0.5	肩宽档差的 1/2
	前领深	C	0.6	前领深档差 0.2,由于 A 点已推 0.8,故该点推 0.6	0	由于是公共线,故不推板
	侧缝线	D	0	由于是公共线,故不推板	1	胸围档差的 1/4
		E	0	侧缝分割位统码,故不推板	1	同 D 点
	前中线	F	0.6	前中长统码,因 C 点已推 0.6,故该点推 0.6	0	同 C 点

续表 4－41

部位名称		部位代号	档差及计算公式			
			纵档差		横档差	
后衣片	小肩线	A	0.8	袖窿深档差0.8	0.2	领宽档差0.2
		B	0.6	肩斜档差0.2，因A点已推0.8，故该点推0.8－0.2	0.5	肩宽档差的1/2
	后领深	C	0.75	A点档差0.8－0.05	0	由于是公共线，故不推板
	胸围线	D	0	由于是公共线，故不推板	1	胸围档差的1/4
	腰节线	E	0.2	腰节档差1，因A点已推0.8，故该点推0.2	0.5	腰围档差的1/4
	臀高线	F	0.5	臀高档差0.3+0.2	1	臀围档差的1/4
	衩位	G	0.5	同F点	1	同F点
	下摆	H	2.2	衣长档差3－0.8	1	摆围档差的1/4
	腰省	K	0	省尖距胸围线的距离统码。	0.3	胸宽档差的1/4
		K_1、K_2	0.2	同E点	0.3	同K点
		K_3	0.5	同F点	0.3	同K点

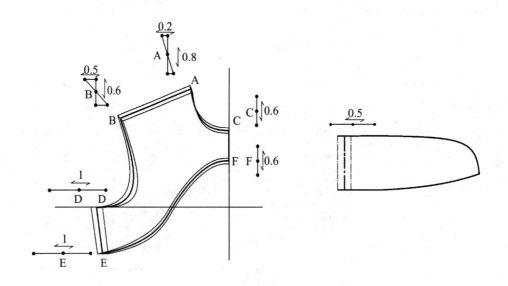

图 4－100 旗袍前小片及领子推板

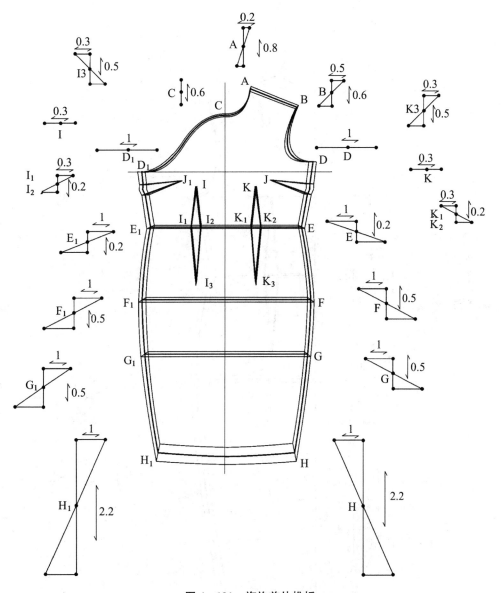

图 4-101 旗袍前片推板

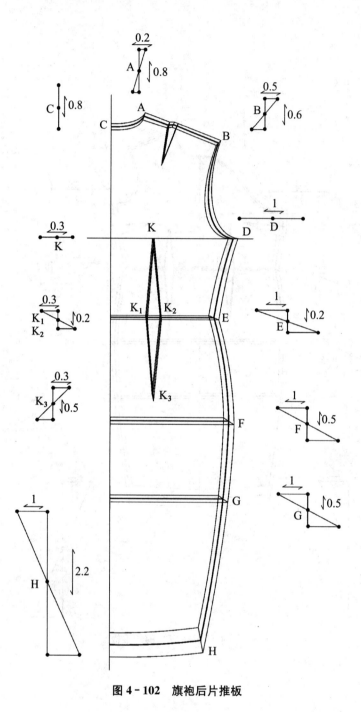

图 4-102 旗袍后片推板

5 服装排料画样

5.1 基本知识

排料画样是服装工业样板结构设计、推板制板的具体运用,是对面料使用方法及使用量所进行的有计划的工艺操作。排料是运用成套的系列样板,按标准的号型搭配,根据技术标准的各项规定,进行合理的单排或组合排列。画样就是将排料的结果画在纸上或面料上。排料画样是服装生产过程中的前道工序,是企业进行生产管理和技术管理的关键环节,关系到产品的成本及企业的经济效益。

排料画样是成衣工业化生产中一项重要的技术工作,排料画样的正确、合理与否,直接影响到铺料、裁剪及服装产品的质量。同时也是服装设计和技术人员必须具备的技能,因为科学地选择和运用材料已成为服装设计与生产的首要条件,尤其是对于从事产品设计或生产管理的人员来说,只有掌握科学的排料知识,了解面料的塑性特点,理解服装的生产工艺,了解服装的质量检测标准,才能够根据服装的设计要求及生产要求做出准确、合理、科学的管理决策。

5.1.1 画样分类

(1) 面料画样

将样板在面料的反面直接进行排料,排好后用画笔将样板形状画在面料上,铺布时将这块布料铺在最上层,按面料上画出的轮廓线进行裁剪。这种画样方法节省了用纸,但较容易污染衣料,并且不易改动,不适于浅色和较薄的衣料,需要对条格的面料则必须采用这种画样方式。

(2) 纸皮画样

选择一张与实际生产所用的面料幅宽相同的较薄的纸张,排好料后用铅笔将每个样板的形状画在各自指定的部位,便得到一张排料图。裁剪时将这张排料图铺在面料的表层,按图上画出的轮廓线与面料一起裁剪。注意推刀开裁时,要将画样薄纸和下层的多层布料压紧,避免开裁推刀时衣片错动、走板。采用这种方式画样比较方便,并且线条清晰,但此排料图只可以使用一次。

(3) 漏板画样

将样板在与面料幅宽相同的厚纸上排料、画样,再按画样线路,细密准确地打孔连线,便得到一张由小孔组成的排料图,此排料图称为漏板。将此漏板铺在面料表层,用小刷子粘上粉末沿小孔涂刷,使粉末漏过小孔在面料上显出样板的形状,作为推刀、开裁的依据,此种方法多用于大批量服装生产。运用漏板刷样裁剪,速度快,效率高,可长久翻单使用,省工、省时,缺点是刷粉线条是由"点"组成的,没有直接画线清晰,推刀开裁时要特别仔细。

(4) 计算机画样

用数字化仪将纸样形状输入计算机或将在服装 CAD 打板模块中做好的样板转入排料模块,再运用服装 CAD 软件中的排料功能,按照排料的原则进行人机对话排料或计算机自动排料,然后由计算机控制的绘图仪把结果自动绘制成排料图或与裁床直接连接进行裁剪。计算机排料大大节约了时间与人力,并能够控制面料的使用率,资料也易于保存,计算机排料在企业中的应用日益广泛。

5.1.2 排料画样准备

在进行排料、画样前,要认真做好以下工艺技术准备工作。

1) 了解和把握该批产品的总体情况

(1) 了解投产产品的名称、编号、批量、分体型号型、规格搭配、布料的质地及颜色搭配要求。

(2) 把握产品的总体结构。衣片结构:包括衣身结构,部件、配件结构,主要结构缝、断缝及省道、褶裥的形式和特征。深层结构:衣面、衣里和衬料、填料的结构形式和特点。

(3) 了解面料、里料、衬料、填料的用途、成分、性能、幅宽、匹长、厚薄、颜色、花型、表面特点及缩水率、热缩率等情况,以便排料时有调整余地。

(4) 了解裁剪、缝制工艺技术要求及特点。

2) 清点、校对、检验全套样板和面料

(1) 凭生产通知单领取服装系列样板及排料缩小图,并以此为依据,制订每批及各档规格的用料定额,做到排料画样手中有据、心中有数。

(2) 核对产品款式、号型、花色、规格搭配、颜色搭配及裁剪数量和零部件等是否与生产通知单相符,不能有任何缺漏。

(3) 核对产品用料的定额与原料幅宽及长度、数量与实际排料是否相符。同一幅宽的面料,往往也有幅差。为了便于排料画样,一般选最窄幅宽做"画皮"来统一排料画样。

(4) 核对服装样板的质量。样板是否经过企业技术部门的审核、确认;样板的标位、文字标注、备缩量、加放量是否符合技术要求和备缩标准;样板的规格是否准确;对反复使用、多次翻单的样板,要确认号型规格、大小是否有变形、磨损、抽缩,以保证裁片质量。

5.1.3 排料的一般要求

1) 面料的正反面与衣片的对称

大多数服装面料都有正面、反面区别,排料画样时,一般画在布料的反面,因此排料时要注意样板的方向,特别是对有些不对称的服装。如偏襟(大襟)上衣的前衣片,排料时要注意左右片的对称方向。对采用单层排料,既要保证面料正反一致,又要保证衣片的对称,避免出现"一顺"现象。

2) 面料的经纬纱向

服装产品都有经纬纱向的技术规定,在服装制作中,面料的经向与纬向表现出不同的性能。经纱有强度高、挺拔、结实、不易伸长变形的特点,主要作为服装长度的使用。纬纱纱质柔软、强度稍差、略有伸长,主要作为服装围度使用。斜纱主要指经、纬纱交叉的斜向摆列。特点是伸缩性大、有弹性、具有良好的可塑性,主要作为滚条、牙边、压条的取料方向,能获得丰满、圆顺的效果,斜纱一般取 45 度角。用斜料制作斜裙,能体现自然、圆顺下垂的效果。一般情况下,排料时样板的方向不能任意放置。为了排料时确定方向,样板上一般都要画出丝绺方向,排料时应注意将它与布料的经纱方向平行。但在排料画样时经常会出现"摆正排不下,倾斜则有余"的情况,必须参照国家标准,精心设计,反复比较,求得裁片丝缕既正又能节约原材料。

3) 面料的色差

由于印染过程中的技术问题,有些服装面料往往存在色差问题。例如,有的面料左右两边色泽不同,有的面料前后段色泽不同。当遇到有色差的面料时,在排料过程中必须采取相应的措施,避免在服装产品上出现色差。

4) 节约用料

排料画样就是要定出一种用料最省的样板排放形式。一般是先画主件,后画附件,最后画零部件。在排主要衣片的同时必须考虑到附件和零部件的摆放位置。排料时要做到合理、紧密,注意各衣片及零部件的经纬纱向要求。

(1) 先大后小

排料时,先将面积大的主要衣片样板排放好,然后将面积较小的零部件样板在大片样板的间隙中进行排列。例如,先排前后衣片及袖片,再在间隙中排放领片、袋盖、袋口等。经过反复调整比较,取得最佳的裁剪方案。

(2) 紧密套排

服装样板的形状各不相同,其边缘线有直的、弯的、斜的、凹凸的等。在排料时,应根据各自的形状采用直对直、斜对斜、凸对凹、弯对弯互相套排。这样可以减少样板之间的空隙,提高面料的利用率。

(3) 大小搭配

可将大小不同规格的样板相互搭配,统一排放,这样可以取长补短,实现合理用料。要做到充分节约面料,排料时就必须根据上述规律反复进行试排,不断改进,最终制定出最合理的排料方案。

(4) 缺口合拼

有的样板具有凹状缺口,但有时缺口内又不能插进其他部件。此时可将两片样板的缺口拼在一起,使样板之间的空隙加大,空隙加大后便可以排放另外的小片样板。

5.1.4 特殊面料的排料

1) 条格面料

采用条格衣料裁制服装,不仅能增加服装的装饰美,而且可产生视觉差的外形美、形体美。如穿带条服装显示人体修长,穿着带格服装,显示人体丰满宽阔。尤其是选用纹路明显、色泽鲜亮的条格面料裁制外衣、外套,更能展示外观活跃、美观的装扮效果。

在选用条格面料制作服装时,要求精心对条、对格,防止条格错乱影响外观效果。对于一些条格面料制成的高档服装来说,对条、对格的水平几乎是检验产品档次和质量等级的主要指标。

对条:条形料一般有竖条、横条形式,画样时应注意左右对称;横向、斜向的条形对称;明贴袋、袋盖嵌条与衣身对条;领面左右及与后中线的对称;挂面的拼接对条;裤后裆缝左右呈"人"字形的斜向对条等。

对格:对格的难度较大,除满足对条中的各种要求外,还要求横缝、斜缝上下格子相对。

左右门襟、摆缝、后领和背缝、袖子和袖窿、大袖和小袖、明贴袋、袋盖、嵌条与衣身、裤子前档缝、侧缝、袋盖、斜插袋等,都要对格和对条。

(1) 服装对条、对格的规定

① 衬衫面料有明显条格在1cm以上的,按表5-1规定。

表5-1 衬衫对条、对格规定表

部位名称	对条对格规定	备 注
左右前身	条料对中心(领眼、钉钮)条、格料对格,互差不大于0.3cm	格子大小不一致,以前身三分之一上部为准
袋与前身	条料对条、格料对格,互差不大于0.2cm	格子大小不一致,以袋前部的中心为准
斜料双袋	左右对称,互差不大于0.3cm	以明显条为主(阴阳条例外)
左右领尖	条格对称,互差不大于0.2cm	阴阳条格以明显条格为主
袖 头	左右袖头条格顺直,以直条对称,互差不大于0.2cm	以明显条为主
后过肩	条料顺直,两头对比互差不大于0.4cm	
长 袖	条格顺直,以袖山为准,两袖对称,互差不大于1.0cm	3.0cm以下格料不对格,1.5cm以下条料不对条
短 袖	条格顺直,以袖口为准,两袖对称,互差不大于0.5cm	2.0cm以下格料不对格,1.5cm以下条料不对条

② 男女西服、大衣面料有明显条、格在1cm以上的,按表5-2规定。

表5-2 男女西服、大衣对条、对格规定表

部位名称	对条、对格规定
左右前身	条料对条,格料对格,互差不大于0.3cm
手巾袋与前身	条料对条,格料对格,互差不大于0.2cm
大袋与前身	条料对条,格料对格,互差不大于0.3cm
袖与前身	袖肘线以上与前身格料对格,两袖互差不大于0.5cm
袖 缝	袖肘线以下,前后袖缝,格料对格,互差不大于0.3cm
背 缝	以上部为准条料对称,格料对格,互差不大于0.2cm
背缝与后领面	条料对条,互差不大于0.2cm
领子、驳头	条格料左右对称,互差不大于0.2cm
摆 缝	袖窿以下10cm处,格料对格,互差不大于0.3cm
袖 子	条格顺直,以袖山为准,两袖互差不大于0.5cm

③ 男女西裤面料有明显条、格在1cm以上的,按表5-3规定。

表 5-3　男女西裤对条、对格规定表

部位名称	对条、对格规定
侧　　缝	侧缝袋口下 10 cm 处格料对格,互差不大于 0.3 cm
前后裆缝	条料对称,格料对格,互差不大于 0.3 cm
袋盖与大身	条料对条,格料对格,互差不大于 0.3 cm

(2) 服装对条对格的方法

在服装工业生产中,裁剪是成批多层进行的,要达到对条、对格的目的,需要排料、铺料、裁剪三道工序相互配合,共同完成。

对条对格的方法可分为两种:一种是准确对格法,另一种是放格法。准确对格法,是在排料时将需要对条、对格的两个部位按对格要求准确地排好位置,画样时将条格画准,保证缝制组合时对准条格。采用这种方法排料,要求铺料时采用定位挂针铺料,以保证各层面料条格对准。而且相组合的部位应尽量排在同一条格方向,以避免由于条格不均而影响对格。放格法,是在排料时先将相组合的部件其中一件排好,而另一件排料时不按样板原形画样,而将样板适当放大,留出余量,裁剪成毛坯。然后再将两片对准,吻合修剪。这两种方法前者适合中、低档裁剪,而后者虽然费工费时,但精确度高,适合高档服装裁剪。画样时应尽量将对条、对格的部位画在同一纬度上,以避免纬斜和条格疏密不均而影响对条、对格的质量。

如图 5-1 所示是筒裙对格示意图,图中前后中心线位置取 1/2 格宽度,侧缝线位置的横向条纹以臀围线为基准,前后片对齐。

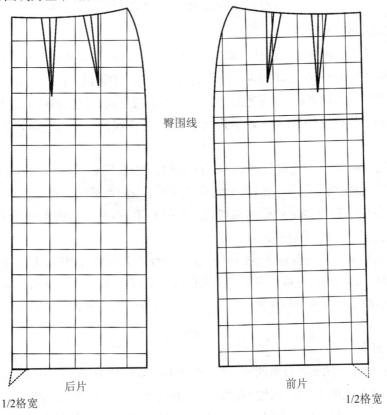

图 5-1　筒裙对格示意图

如图5-2、5-3所示是女西服的对格示意图,图中以腰节线为基准将前片、侧片、后片的横向条纹对齐,在后背缝的上端取1/2格的宽度,并要求左右两片对称。袖子与前身片的横向对条分别以袖窿和袖山上的对位点作为基点。领子在后中线位置取整个格宽对折,与后衣片的上端纵向对条,然后再根据领子的条格位置确定过面的摆放位置。

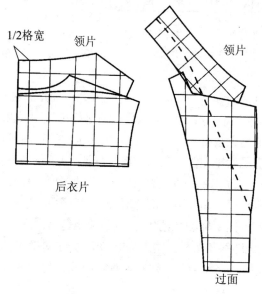

图5-2　衣领与大身对格示意图

2) 倒顺毛面料

毛向是指面料表面绒毛的倒伏方向,如长绒、长毛绒等,当从两个相反方向观看表面状态时,会因折光不同而产生不同的色泽和外观效果。毛向的测试方法有两种:一是用手在面料的正面沿着经纱方向来触摸,有光滑感的方向为毛的顺向,反之为逆向;二是将面料对折并使正面朝外,垂直悬挂于阳光下观察其色泽变化,颜色浅淡的说明毛向朝下,颜色深而且饱和的说明毛向朝上。

(1) 顺毛排料:对于绒毛较长、倒伏明显的衣料,如长毛呢、毛皮等,必须采用毛向下的顺毛排料设计,以便绒毛向下一致,避免倒毛显露绒毛空隙而影响美观。

(2) 倒毛排料:对于绒毛较短的面料,如灯芯绒、平绒,宜采用向上逆毛的倒毛排料设计,能收到光色和顺的审美效果。

(3) 组合排料:对于一些绒毛倒向不明显和没有要求倒顺的面料,为了节约面料,在进行排料设计时,顺向、逆向皆可。但在成衣批量裁剪中,必须是一件产品的毛向全部一致,尤其要注意领面的毛向在领面的翻领翻下后,应与后衣身的毛向一致,否则会因出现色差而造成外观质量的问题。

3) 花型图案

服装面料的花型图案可分为两种:一种是无规则和无方向性的花型图案,它和正常排料相同;另一种是有规则和带方向性的花型图案,如山水、人物、花卉及龙凤图案等,它必须保持图案的完整性,或与人体方向保持一致,或根据设计安排画样的位置。面料方向放错了,

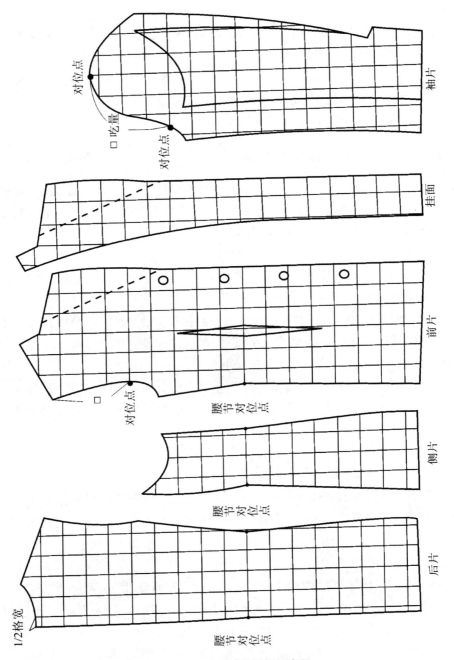

图 5-3 女西服对格排料示意图

就会头脚倒置。对于一些花型图案倒向不明显和没有要求倒顺的面料,可以一件倒排、一件顺排,以便于节约面料,但必须是一件产品的花型图案顺向全部一致。

4)面料色差

面料色差一般分为以下四种:同色号的面料中,匹与匹之间有色差;同匹面料的布边与布边或中间有色差;同匹面料的前后有色差;素色面料的正反面有色差。

(1)匹与匹之间有色差:排料时,匹与匹之间不要衔接,多出的零布不铺,下一匹布应从头开始铺。

(2) 两边有色差：排料时应把需要组合的裁片，放在靠近的地方排料，零部件尽量靠近大身排列，使缝合部位的色差减少到最小。

(3) 两端有色差：排料时应将需要组合的裁片，放在相同纬度的地方排料，同件衣服的各片，排列时前后间隔距离不应太大，距离越大，色差程度就会越大。

(4) 正反面有色差：排料时应注意面料的正、反面，不要搞错。

5.1.5 排料画样的规格选配

服装工业裁剪由于批量产品的品种、款式、结构、衣料幅宽、号型规格以及数量比例等各不相同，但按照服装号型标准要求，男女成年装必须进行 Y、A、B、C 四种体型搭配号型规格的成批生产。因此利用差异，合理套排，必须围绕号型规格进行。

1) 单件排料

单件排料就是只排一件制品所有部件的样板，适应来料定做或小批量的生产情况。

2) 同规格的多件（条）套排

这是单件独排设计的扩大，主要目的是为了创造较多的合理套排条件。因为在同一个排料设计图内，排画的件数越多，越利于各式各样主件、配件互相套排而节约衣料。同规格多件（条）套排设计形式主要在以下三种情况下采用。

(1) 在一板批量裁剪作业中，难以进行不同号型规格互相搭配的情况下采用。

(2) 在产品投产初期，通过选用号型规格系列中的中号规格样板，实行多件套排画样，以便对整批裁剪生产的产品做出主料消耗量的测算。

(3) 通过同规格多件套排探索，建立不同号型的相互搭配关系和模式。

3) 不同规格的搭配套排

在服装商品的批量裁制中，有大小不同的体型搭配和不同号型规格搭配的比例要求，在套排设计时，可按其数量比例，选择相宜的不同规格样板，进行相互匹配合理套排，以达到既保证裁片数量、质量，又节约布料的目的。

4) 套装混合套排

套装混合套排设计分上衣、西服裤（裙）设计两件套和西服、背心、西服裤三件套套排。套装混合套排设计具有两个优点。第一，无论是两件套还是三件套，都是用同质、同色面料裁制，能保持颜色、材质一致，不出色差，有利于保证产品外观质量；第二，套装混排由于两件套是上下装配套，三件套是上下装加背心匹配，主件、配件的结构，形状面积差异大，混合套排更容易相穿插套进，便于充分利用各横直边、凹凸弧线进行吻合、匹配，填满空当，更易做到合理套排。

5) 不同品种穿插套排

为了利用混合套排省料、同质、不差色的优势，凡是同质同色的服装品种、款式也可按混合套排设计，如同质同色男女西裤混合套排。

5.1.6 用料计算

(1) 男上装用料计算参考（用料计算参见表 5-4）

表 5－4　男上装用料计算参考表　　　　　　　　　　　　　单位:cm

品种＼幅宽＼胸围		90	114	72×2(双幅)
短袖衬衫	110	衣长×2＋袖长 (胸围每大3加5)	衣长×2 (胸围每大3加3)	—
长袖衬衫	110	衣长×2＋袖长 (胸围每大3加5)	衣长×2＋20 (胸围每大3加3)	—
两用衫	110	衣长×2＋袖长＋20 (胸围每大3加5)	衣长×2＋23 (胸围每大3加5)	衣长＋袖长＋6 (胸围每大3加3)
西　服	110	衣长×2＋袖长＋20 (胸围每大3加5)	衣长＋袖长＋10 (胸围每大3加3)	衣长＋袖长＋3 (胸围每大3加3)
短大衣	120	—	—	衣长＋袖长＋30 (胸围每大3加3)
长大衣	120	—	—	衣长×2＋6 (胸围每大3加3)

(2) 女上装用料计算参考(用料计算参见表 5－5)

表 5－5　女上装用料计算参考表　　　　　　　　　　　　　单位:cm

品种＼幅宽＼胸围		90	114	72×2(双幅)
短袖衬衫	110	衣长×2＋袖长 (胸围每大3加3)	衣长＋袖长＋6 (胸围每大3加3)	衣长＋袖长＋3 (胸围每大3加3)
长袖衬衫	110	衣长×2＋袖长 (胸围每大3加3)	衣长×2＋20 (胸围每大3加3)	—
连衣裙	110	衣长×2＋袖长＋20 (胸围每大3加3)	衣长×2＋6 (胸围每大3加3)	—
西　服	110	衣长×2＋袖长 (胸围每大3加5)	衣长＋袖长＋6 (胸围每大3加3)	衣长＋袖长＋3 (胸围每大3加3)
短大衣	120	—	—	衣长＋袖长＋6 (胸围每大3加3)
长大衣	120	—	—	衣长＋袖长＋12 (胸围每大3加6)

(3) 男女裤用料计算参考(用料计算参见表 5－6)

表 5－6　男女裤用料计算参考表　　　　　　　　　　　　　单位:cm

品种＼幅宽	80	90	72×2(双幅)
男长裤	卷脚口:(裤长＋10)×2 平 脚口:(裤长＋5)×2 (臀围超过116每大3加7)	裤长×2＋3 (臀围超过116每大3加5)	裤长＋10 (臀围超过112每大3加5)
男短裤	(裤长＋12)×2 (臀围超过116每大3加7)	裤长×2＋3 (臀围超过116每大3加5)	裤长＋10 (臀围超过112每大3加5)
女长裤	(裤长＋3)×2 (臀围超过120每大3加7)	裤长×2＋3 (臀围超过120每大3加5)	裤长＋3 (臀围超过116每大3加5)

5.2 排料画样实例

(1) 女套装排料(图 5-4)

同一号型的女西装和西装裙套排,面料幅宽 144 cm。

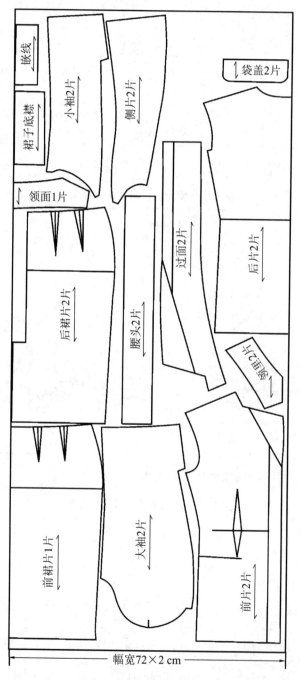

图 5-4 女套装排料示意图

(2) 男套装排料(图5-5)

男西装、背心、裤子三件套排,面料幅宽144 cm。

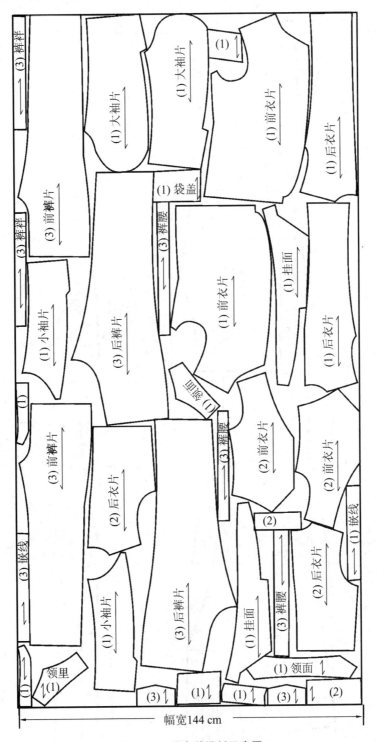

图5-5 男套装排料示意图

(3) 男西裤排料(图 5-6)

两条不同规格的男西裤,单幅排料,面料幅宽 144 cm,无倒顺要求。

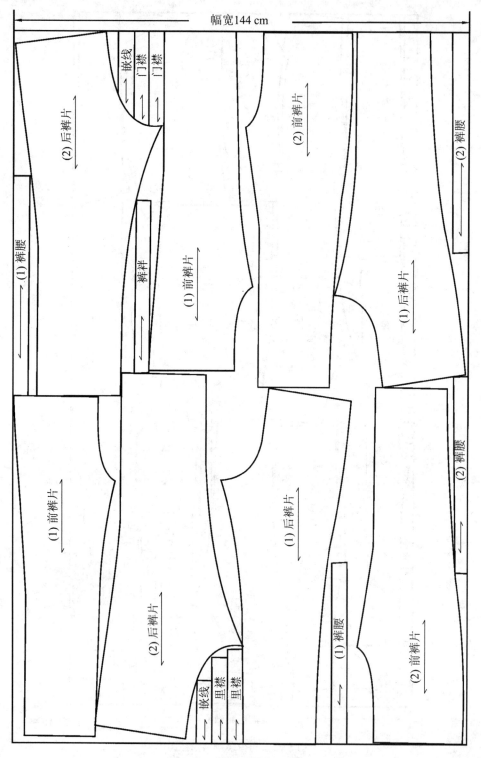

图 5-6　男西裤排料示意图

(4) 多号型男西装排料(图 5-7)

三件同款不同号型的男西装套排,单幅排料,面料幅宽 144 cm,无倒顺要求。

图 5-7 多号型男西装排料示意图

(5)茄克衫排料图(图 5-8)

两件同款不同规格的茄克衫套排,单幅排料,面料幅宽 144 cm,无倒顺要求。

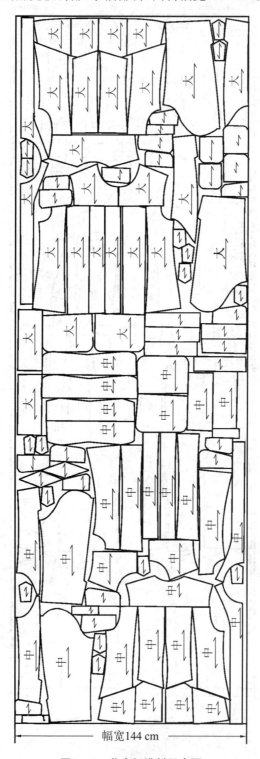

图 5-8 茄克衫排料示意图

6 计算机在服装工业制板中的运用

6.1 服装 CAD 概述

服装 CAD(Garment Computer Aided Design),即计算机辅助设计,又称电脑服装设计。它产生于 20 世纪 60 年代末、70 年代初,至今已有三十多年的历史,近十年来得到了迅速的提高和广泛的应用。服装 CAD 技术最早是由美国首先研制开发的,并率先推出商品化的服装 CAD 系统。随后法国、英国、瑞士、西班牙、日本、德国、意大利等国家也相继研制开发了各自的服装 CAD 系统。

服装 CAD 系统是现代科学技术与服饰文化艺术相结合的产物,是一项集服装效果图设计、服装结构设计、服装工业样板和计算机图形、数据库、网络通讯等知识于一体的现代化高新技术,用以实现服装产品开发和工程设计。

服装 CAD 系统由软件、硬件和人构成。

随着计算机技术的高速发展,服装 CAD 的软件与计算机技术一起迅猛发展。目前服装 CAD 系统专业软件已包含有:面料设计系统(Material Design System)、款式设计系统(Fashion Design System)、结构设计系统(Pattern Design System)、服装推板(放码)系统(Grading System)、排料系统(Marking System)、计算机辅助服装工艺系统(Computer-Aided Garment Process Planning System)、自动量体系统(Human Body Measuring System)、试衣系统(Fitting Design System)等。

目前,在我国服装业中主要应用的国内外服装 CAD 系统有:北京日升天辰的 Nac 系统、广州银寰科技的 Woodman 系统、航天的 Arisa 系统、北京六合生的至尊宝纺(Modasoft)系统、杭州爱科(Echo)系统等,国外的如德国艾斯特(Assyst)系统、加拿大派特(PAD)系统、日本东丽(ACS)系统和 Dressing 系统、法国力克(Lectra)系统、西班牙艾维(Invest)系统、美国格伯(Gerber)系统和匹基姆(Pgm)系统等 20 多家。

6.1.1 服装 CAD 主要专用软件配置

1) 服装款式设计 CAD 系统

计算机辅助服装款式设计系统,目的在于辅助设计人员从事服装款式设计、花样设计、色彩调和、搭配、变化等方面快速、准确反映设计要求,从原稿、图案的输入到正确的款式、色彩输出。应用计算机图形和图像处理技术,达到代替设计人员劳动甚至达到设计人员手工劳动不能达到的效率和效果,使设计师能够随心所欲地进行创作。

这套系统的核心是图像处理及丰富多彩的色彩变化,不仅仅用在服装款式设计方面,还可广泛地运用于印染、印刷、广告及其他各行各业的设计领域。

服装款式设计 CAD 系统在计算机内建立了各类素材库,如工具库、素材库、面料设计、图案设计、着装效果图设计、款式输出等模块。这样可以供设计者随时、快速地调用,再对其进行修改、变形、换色等的操作,进行再创造设计,可调用图形库内的服装部件、服饰配件等对其自由组合,可修改,也可实时生成新的部件进行部件装配组合,拓宽了服装设计师的思想领域,激发了想象力和创作灵感,使其能快速构思出新颖的服装款式及服装色彩。

这个系统一般由文件、编辑、显示、窗口、位图、花样、帮助等主要功能组成,其主要功能包括:

(1) 能输入图稿、面料及各种彩色、黑白图案;
(2) 输出彩色款式设计图及屏幕显示;
(3) 存取各种彩色、黑白图案;
(4) 丰富的调色系统,可选取任意色彩供着色、变色用;
(5) 图像修改、编辑功能;
(6) 有一组工具如:线段、椭圆(圆)、矩形(方)、曲线、多边形、剪刀、橡皮等等;
(7) 有中、英文书写、字体、大小、色彩可选;
(8) 能缩放大小;
(9) 具有明暗处理全图模糊功能;
(10) 具有拉网折皱功能;
(11) 有花样库供填花用,具有花样处理功能。

2) 服装结构设计 CAD 系统

服装结构设计的目的是将服装设计师的服装款式效果图展开成平面图和设计过程,通过人机交互变成计算机的东西,为缝制成完整的服装进行必要的工作程序。在结构设计 CAD 系统中,设计师可任意确定纸样的规格,计算机按照给定的设计规则进行快速自动仿真设计,也可以用系统提供的若干图形设计功能(设计工具)将手工操作的方法移植到计算机的屏幕上。

服装结构设计是从立体到平面,从平面到立体转变的关键所在。款式图展开成平面图可根据多种结构设计原理,如实用原型法、比例分配法、基样法、D 式法、结构连接设计法和自动设计法等。在结构设计 CAD 系统中它的优势是打板灵活,可定寸输入或公式输入,并且在设计样片过程中能非常方便地对衣片进行转省、移省、剪切、展开、变形、修改、存储备用等等,还可将存储在计算机内的裁片进行调用、修改,使之成为另一个相近款式的裁片,并可自动完成推档、加放缝边、加丝缕线、对位刀眼等的操作。样片完成后,可通过绘图机等输出设备绘制出纸样。

服装结构设计 CAD 又称为服装打板 CAD 系统或服装制板 CAD 系统。服装从设计到成衣的过程中,样板结构设计是一个非常重要的环节,直接影响服装的效果和造型。样板也是实现服装批量生产的原始依据。服装结构设计 CAD 系统一般有:图形的输入、图形的绘制、图形的编辑、图形的专业处理、文件的处理和图形的输出等等。

3) 服装工艺设计 CAD 系统

服装工艺设计 CAD 系统,提供设计工艺用图表所需的工具和各种图表样库,为各生产工序、工艺说明及要求提供实用的工艺表格以及设计制作表格的功能等。例如爱科(Echo)服装 CAD 系统中的工艺设计系统可以完成如下功能:

(1) 工艺表格绘制：可以设计和绘制出任意类型的生产工艺表格，并建立表格库，以便随时取用、修改。

(2) 工艺图的绘制：可进行服装生产用的款式图、工艺结构图、缝制说明图等的绘制。Echo 系统提供各种专业图标及工具，如各种线迹（单止口线、双止口线、结构线、各种粗细的曲直弧线迹等）、各种配件符号（罗纹、拉链、钮扣等）。

(3) 制订生产工艺说明书：Echo 系统提供多种工艺表格模本，可根据不同的生产要求，选择其合适的工艺表进行填写（包括各种裁剪说明书、缝制工艺操作单、熨烫要求等，还包括一些缝制说明图、帮助、说明缝制要求）。Echo 系统还提供多种数据库，如袋型库（用于存放各种造型的口袋）、线条库（用于选择不同粗细的线条与各种线迹）、色彩库（用于色彩填色的选择）以及工艺表模板库等。

4) 推板（放码）系统

推板就是以某个标准样板为基准（将其视为母板），然后根据一定的规则对其进行放大或缩小，从而派生出同款而不同号型的系列样板来，由此来满足不同体型人的需要。计算机放码具有速度快、精度高等独特的优点，在应用中比手工的效率高出 20 倍之多。

计算机推板系统中一般是由输入模块通过数字化仪或键盘输入的。在该项系统中，通过文件操作打开基础衣片文件，再输入推板（放码）的要求和限制，这样即可由系统生成所需要规格号型的衣片图。

5) 排料（排板）系统

排料就是在给定布幅宽度的布料上合理摆放所有要裁剪的衣片。衣片摆放时需根据衣片的纱向（丝缕）或布料的种类，对衣片的摆放加上某些限制，如衣片是否允许翻转或对条格等。

服装 CAD 系统中，计算机排料是用数学的计算方法利用计算机运算速度快、数据处理能力强的特点，可以很快地完成排料的工作，并可以提高布料的利用率。计算机排料的方法一般有交互式排料和自动排料两种方法。

(1) 交互式排料

交互式排料是操作者先把要排料的已经放过码和加缝边的所有衣片显示在计算机的显示器上，再通过键盘或鼠标器使光标选取要排料的衣片，被选取的衣片就会随光标的移动而移动。根据排料的限制，可对衣片进行翻转和旋转等操作。当要排定某一个衣片时，只要把该衣片往排料图的某一个位置上放置，该衣片就会由系统自动计算出其适当的摆放位置。每排定一个衣片，系统就会及时报告已排定的衣片数、待排衣片数、用料长度和布料利用率等信息。

(2) 自动排料

自动排料是系统按照预先设置的数学计算方法和事先确定的方式自动地旋转衣片。按照这种方法进行的排料，每排一次将得出不同的排料结果。由于计算机运算速度快，所以排一次料所用的时间很短，这样就可以多排几次，从中选出比较好的排料结果。但目前自动排料的面料利用率还不如交互式排料的面料利用率高，因此，在使用自动排料功能时，可以结合使用交互式排料的方法使其布料的利用率进一步提高。

6) 服装 CAM 系统的功能

服装 CAM 系统是与服装 CAD 系统相匹配的，根据服装 CAD 系统的排料结果，服装

CAM 系统指挥自动铺料、裁料系统进行工作,并统一协调和管理后续生产工序。服装 CAM 系统能够对技术资料进行分类管理,信息量大,调用方便。CAM 系统还具有节约成本功能。

6.1.2　服装 CAD 主要专用硬件配置

服装 CAD 系统的硬件配置由三部分构成:

(1) 工作站:计算机

一般主机配置:奔腾 4 以上 CPU、128 MB 内存、60 G 硬盘空间、1 024×768 屏幕分辨率显示器、32 位真彩色、64 M 显存,见图 6-1 所示。

图 6-1　计算机

图 6-2　数码相机

(2) 输入设备:包括数码相机(用于拍摄图片,用数码相机拍摄的图片,可以直接输入计算机内进行使用和编辑见图 6-2 所示);数字化仪(用来读取手工绘制的纸样,是重要的输入配置之一,见图 6-3 所示);扫描仪(用来扫描效果图、面料及所需的图片见图 6-4 所示),等等。

图 6-3　数字化仪

图 6-4　扫描仪

(3) 输出设备:彩色打印机、激光打印机(用于打印彩色、黑白款式设计图稿,见图 6-5 所示);平板式或滚筒式绘图仪(用于排料图的输出,作为裁剪的样板,见图 6-6、图 6-7 所示);切割机(结合丰富的样板工艺特征及精密机械制造工艺,能够精确刻画样板,减少手工误差);大型裁床系统(它具有高度集成自动化,软件、面料裁切等技术,自动化完成打板、排料、铺布与裁剪全过程,见图 6-8 所示)。

彩色喷墨打印机　　激光打印机

图 6-5　打印机

图 6-6　笔式绘图机

图6-7 平板笔式绘图机和喷墨绘图机

图6-8 大型全自动裁床

6.1.3 操作者——人

人是第一生产力,越是科技含量高的复杂系统,越是不可忽视人的作用,否则就不能使高科技的工具发挥出其应有的作用,这也是科学技术进步的规律。

6.2 计算机辅助纸样设计

计算机辅助纸样设计是一种集服装结构设计与计算机图形学、数据库、网络通讯等多学科于一体的综合性高新技术,用以实现服装纸样的技术开发与设计。利用计算机辅助系统具有速度快、精度高的特点,能减轻服装设计工作者的劳动强度,提高工作效率,从而使人们摆脱复杂的手工操作。

6.2.1 服装纸样计算机辅助设计的发展

美国首先研制开发的第一套服装 CAD 系统,就包括了纸样的放缩和排料两项功能。随着服装 CAD 系统的不断发展完善,不论硬件还是软件都有了飞速的发展。尤其是服装纸样计算机辅助设计功能的问世,是我国服装 CAD 系统的一个大的创举,以设计原理为标准划分,则服装 CAD 的发展大致经过了三个阶段。

1)交互式纸样设计阶段

交互式纸样设计基本上是由纸样放缩系统中的样板修正功能演变而来的,这是以一系列图形设计功能为基础的工具型 CAD 系统。当时的这个功能,缺乏灵活性,操作起来复杂,没有充分发挥计算机辅助设计的优越性,在设计上难以被服装设计师们接受。

2)参数化纸样设计阶段

我国服装 CAD 技术起步晚,但发展快,特别是在专业技术人员的努力下,将先进的 CAD 技术与我国服装专业工作紧密结合,创造性地开发了服装纸样计算机辅助设计系统。它以参数化设计理论为基础,实现自动放码功能,适应我国服装专业技术人员的工作习惯,具有易掌握、效率高的特点,深受设计师的喜爱。

3)智能化纸样设计阶段

随着科学技术的不断进步,广大服装专业技术人员对服装纸样计算机辅助设计软件提出了更高的要求,如何更方便、更快捷、更科学地利用计算机设计服装纸样成了服装 CAD 发展的新方向。智能化服装纸样设计系统就是将服装纸样设计与人工智能技术结合起来,充分发挥人的思维和计算机技术优越性的纸样设计软件系统。

6.2.2 计算机辅助纸样设计的原理

服装纸样设计是以人体为基础的,而人体是一种特殊而又复杂的形体,因此,CAD 是属于复合型体设计范畴的,是一种基于形体特征的设计。它是应用计算机技术以产品信息建立为基础,以计算机图形处理为手段,以图形数据库为核心,对纸样进行定义、描述和结构设计,它的理论基础是参数化设计理论。

参数化设计理论是利用现代化计算机辅助设计手段,采取人工智能技术的现代设计方法。

所谓参数化设计(Parametric Design),就是用一组约束纸样的一组结构尺寸序列,参数与纸样的控制尺寸存在某种对应关系,用一组参数来定义几何图形尺寸数值并约定尺寸关系,从而提供给设计者进行几何造型的设计模式。参数的求解较简单,参数与设计对象的控制尺寸有对应关系,设计结果的修改受到尺寸驱动。由于服装纸样是由一系列的点或线所构成,也可以看成是一系列几何元素的叠加。参数化设计的关键是对纸样各部位进行参数化,确定各部位之间的参数关系。其参数化的程度越高,对该设计的修改就越容易,设计效率就越高;参数设计及参数关系确定得越科学,纸样设计就越合理。当赋予参数不同的数值时,就可驱动原纸样变成新纸样。参数设计系统的原理如图 6-9 所示。

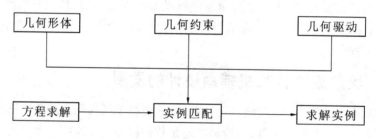

图 6-9 参数设计系统原理图

6.2.3 服装工业纸样计算机辅助设计

服装工业纸样,工业纸样是指符合款式要求、面料要求、规格尺寸和工艺要求的一整套利于裁剪、缝制、后整理的纸样或样板,是成衣工业的重要环节之一。它是由原理纸样演变而来,但又与之存在着明显的区别。服装 CAD 系统的优劣也主要体现在工业纸样设计之中,所以工业纸样设计也是评价 CAD 系统的重要因素之一。

工业纸样服装 CAD 打板系统一般包括:

1) 图形的输入

图形的输入可利用键盘、鼠标器输入或利用数字化仪输入法等。

2) 图形的绘制

图形的绘制就是利用计算机系统所提供的绘图工具,通过键盘、鼠标器或数字化仪进行服装衣片的设计过程。图形的绘制功能是服装结构设计 CAD 系统的基本功能。

3) 图形的编辑

图形的编辑即图形的修改,是对已有的图形进行修改、复制、移动、删除等操作。通过图形编辑命令,可以对已有的图形按照用户的要求进行修改和处理,从而提高设计的速度。图形编辑命令包括图形元素的删除、复制、移动、转换、缩放、断开、长度调整和拉伸等。

4) 图形的专业处理

图形的专业处理是指对服装行业的特殊图形和特殊符号等进行处理,如扣眼儿处理、对刀标记、缝合检查和部件制作等。利用该项功能,系统将为服装设计人员提供尽可能方便地绘制服装行业特殊图形和符号的方法。只要输入基本图形后,通过系统的专业处理功能,就可以直接获得服装衣片样板的最终图形。

5) 文件处理

系统的文件处理功能除包括新建文件、打开原有文件、文件存盘和退出打板模块等基本功能外,一般还具有其他的一些辅助功能,如为了参照已有的图形而作出新的图形,具有能同时打开一个或几个的功能,以便在绘图时作为参考,并且还具有从一个文件中传送图形或数据到另一个文件夹中的功能。

6) 图形的输出

图形的输出包括使用绘图机输出和打印机输出。一般来讲,对于衣片图形最终的输出是使用绘图机按 1∶1 的比例输出,而对于排料图则可以使用打印机按一定缩小的比例输出即可。

6.3 计算机辅助推板

服装纸样的推板是服装工业纸样设计的基本操作之一,俗称扩号、放号、推档、放码等等。推板就是以某个标准样板为基准(将其视为母板),然后根据一定的规则对其进行放大或缩小,从而派生出同款而不同号型的系列样板来,由此来满足不同体型人的需要。

计算机辅助推板是利用输入设备(如数字化仪、扫描仪、数码相机等)将手工制作的服装纸样、立体裁剪所设计的纸样或外加工生产时客户提供的纸样(把基本纸当成母板,一般为中间号型的纸样)输入到计算机中,进行放缩规则设计。

计算机辅助推板是服装 CAD 软件系统最成熟、最传统,也是在计算机辅助纸样设计(CAPD)功能问世之前应用效果最显著的功能之一。因此,服装 CAD 系统都潜心研究开发了多种纸样推板方法。

目前,计算机辅助推板的功能十分强大,它包括了全面的逐点放码、自动放码及资料库放码等等。常用的方法有点放码、线放码、切开线放码、公式放码、规则放码、档比放码、自动比例放码、自动放码等。

1) 点放码——计算机纸样推板的基本方法

为了推放出同一款式不同号型的服装样板,只要在标准母板的关键点上分别给出不同号型的 x 和 y 坐标方向的位移量就可得到放码后这些关键点的新位置,经曲线拟合,可形成不同号型的服装样板。由于一套服装的样板数量较多,每一个样板又有大量的关键点,各点之间又相互关联着,因此这种方法推板,操作量较大,且易出错,但是该方法原理比较简单,易于理解、易于接受,在较多的服装 CAD 系统中都被选用。

2) 切开线放码

切开线放码的基本原理是利用一些假想的线(切开线)在标准母板的适当部位假想地切

开,并在这个部位放大或缩小一定的量,从而得到其他号型的样板。它是借助计算机实现的比较科学、灵活和优秀的服装放码方法之一。它具有时间短、精度高、效率高等特点。

3) 公式放码

公式放码法的基础是服装款式结构和人体尺寸。它是先利用设计公式和放缩量分配规则及特体调整规则形成放码公式,再用测量得来的人体主要尺寸经分解、推算成各主要部位尺寸,然后求其与标准样板相应尺寸的增量,代入放码公式得到各放码点的放码量,从而得到各个样板的放码点的新位置,最后通过曲线连接,完成样板的放码。

对于衣片图上的所有关键点,一般可以用衣服标本尺寸,由系统重新计算衣片的各关键点坐标值,再把各点连线或曲线拟合以产生新的衣片图。该方法可以根据衣服基本尺寸的变化精确计算出各关键点的坐标值,其推板精度是由衣片关键点的标值与衣服基本尺寸的关系公式所决定的。

4) 规则放码

规则放码是按照一组指令来确定不同的增量值,依此放大或缩小样板。对每个放码点输入相应的放码规则,得到对应的放码量,这样当输入标准母板和放码规则后形成了标准母板数据文件和放码规则文件,由此进行放码操作。

规则放码适用于已设计好的标准样板或来样加工,放码时只要选定放缩点输入放码规则即可得到各点的新坐标值,然后将所有用新坐标值确定的点用直线或曲线连接、拟合就得到放码后的新衣片图形。

5) 线放码

线放码是将服装纸样的最大号型样板和最小号型样板同时输入计算机,之后将样板的对应点用线连接并等分连接线,所得等分点就是各号型纸样的对应点,再连接各点就形成了新的纸样。

6) 档比放码

档比放码是将传统的以胸腰差为特征的体型补充修正为以胸腰比为特征的体系。它的最大优点就是能保证纸样各部位的比值不变,从而保证推放后服装的造型不变,使服装系列更趋于合理。

7) 自动比例放码

自动比例放码是以图形坐标变换和图形相似变换为基础的,它的特点是操作简便,只要确定了放缩基准点,整个样板就会按照一定的比例完成推板操作。

8) 自动放码

自动放码是把不同款式服装的放码数据存放到一个数据表格(数据库)中,在操作中随时调用,以规范和简化放码的操作。利用这个数据库的自动放码可以被认为是对点放码的改进和扩充,它把大量的放码数据存放到数据表格中,可以方便地重复使用,有效地提高了服装放码的速度与精确度。

6.4 服装CAD技术发展趋势

服装CAD系统自问世以来,已在众多服装生产设计企业中发挥了不可替代的作用,随着消费者对服装产品要求的不断提高,新一代计算机技术和人工智能技术的发展,知识工程、专家系统已逐渐渗透到服装CAD系统中。服装CAD发展趋势正向着三维立体化、智能化、集成化、网络化等方面发展。

1) 三维立体化的服装CAD系统

服装CAD款式设计系统将向三维立体化设计系统发展。

迄今为止,服装CAD系统都是以平面图形学原理为基础的,无论是款式设计、样片设计还是试衣系统,其中的基本数学模型都是平面二维模型。随着人们对服装的质量和合体性的要求越来越高,服装的质量和合体性已成为服装市场竞争的主要内容之一,这样使得专家们对服装的研究更趋向科学化和个性化。专家们开始对三维人体外形及运动效应进行严格的理论分析和研究,如何应用交互式计算机图形学和计算几何中的最新技术成果,建立三维动态的服装模型,解决服装设计中二维到三维、三维到二维的转换,服装CAD迫切需要由当前的平面设计发展到立体三维设计。但是服装是柔性的,它会随着人体的运动不断变化。服装CAD在实现从二维到三维的转化过程中,如何解决织物质感和动感的表现、三维重建、逼真灵活的曲面造型等问题,是三维CAD走向实用化、商品化的关键所在,也是当今服装CAD系统的发展方向之一。

目前,许多服装CAD方面的专家学者及生产商都在致力于这一领域的研究,并已取得初步进展,实现了仿三维CAD设计。例如瑞士日内瓦大学和瑞士联邦技术学院推出的一套三维款式设计系统和反映服装穿着效果的动画系统,能模拟服装模特实际行走状态。

2) 智能化与自动化的服装CAD系统

人工智能化包括智能设计、智能控制和智能制造。服装CAD系统的人工智能化就是将各种服装设计人员多年积累的成熟经验及统计数据进行归类总结,编成软件存入电脑,从而使CAD系统拥有类似于专家解决实际问题的推理机制。服装款式千变万化,但是万变不离其宗。利用人工智能技术开发服装智能化系统,可以帮助服装设计师构思和设计新颖的服装款式,完成款式到服装样片的自动生成设计,从而提高设计与工艺的水平,缩短生产周期,降低成本。

随着CAD用户群的扩大和计算机技术的迅速发展,开发智能化专家系统成为CAD新的发展方向。

3) 集成化——从CAD系统到CIMS系统

CIMS(计算机集成制造系统)是一个综合多学科的新领域,是指在信息技术、工艺理论、计算机技术和现代化管理科学的基础上,通过新的生产管理模式、计算机和数据库把信息、计划、设计、制造、管理经营等各个环节有机集成起来,根据多变的市场需求,使产品从设计、加工、管理到投放市场等各方面所需的工作量降到最低限度。

随着服装业向更新、更快、批量小、时装化以及多方面高质量的发展,由于市场竞争机制的作用,为了在服装市场获得优势,服装业就要有先进的设计、制造和管理手段及迅速应变的能力,就需要一个强有力的支撑环境——CIMS(计算机集成制造系统)。由于计算机网络通讯技术飞速发展,服装CAD的领域不断扩大,原来自成一体的CAD系统正向CIMS(计算机集成制造系统)趋近,进而充分发挥企业综合优势,提高企业对市场的快速反应能力和经济效率。CIMS正成为未来服装企业的模式,是服装CAD系统发展的一个必然趋势。

4) 网络化

服装的流行周期越来越短,服装企业能否建立高效快速的反应机制是当今服装企业在激烈竞争中能否胜出的一大关键。而服装厂从订单、原料、设计、工艺到生产定货过程中的网络化已成为企业在市场运作中必不可少的快速反应手段。近几年来随着国际互联网的高速发展,一个现代服装企业的 CIMS(计算机集成制造系统)已成为国际信息高速公路上的一个网点,其产品信息可以在几秒之内传输到世界各地。随着专业化、全球化生产经营模式的发展,企业对异地协同设计、制造的需求也将越来越明显。21 世纪是网络的时代,基于 Web 的辅助设计系统可以充分利用网络的强大功能保证数据的集中、统一和共享,实现产品的异地设计和并行工程。建立开放式、分布式的工作站网络环境下的 CAD 系统将成为网络时代服装 CAD 发展的趋势之一。

5) 自动量体订做系统

随着服装生产方式从大批量生产向小批量、多品种以至于单件生产的方向发展,服装的供销方式也将发生改变。顾客从按号型规格选购到针对自己的身材体型量体订做。

自动量体订做系统是针对人们对服装合体性的要求而产生的。自动量体订做系统是按照一定的量体规范进行规格参数和体型参数的测量的同时,消费者根据样衣自行选择款式和用料,并将信息输入到电脑中,建立用户数据库,专门的量身订做软件会自动从电脑中调出该项款式服装的标准板型,并依据专业技术人员设计的处理规则对标准板型进行处理,得到符合消费者规格与体型特征的板型,再输出单件排料图进行单件裁剪加工。

参考文献

1. 王建萍,樊红军,王红.裙裤装电脑打板原理.上海:中国纺织大学出版社,1999
2. 王翀.服装工业制板与样板扩缩.沈阳:辽宁科学技术出版社,2004
3. (日)文化服装学院.文化服装讲座(新版)产业篇.北京:中国轻工业出版社,1998
4. 王海亮,周邦桢.服装制图与推板技术(第3版).北京:中国纺织出版社,1999
5. 孙颇.服装制图.北京:中国纺织出版社,1994
6. 刘霄.女装工业纸样设计原理与应用.上海:东华大学出版社,2005
7. 李正,顾鸿炜.服装工业制板.上海:东华大学出版社,2003
8. 潘波.服装工业制板.北京:中国纺织出版社,2000
9. 张鸿志.服装CAD原理与应用.北京:中国纺织出版社,2005
10. 王翀,王淮,吴国智.服装CAD设计.沈阳:辽宁科学技术出版社,2005
11. 周邦桢.服装工业制板推板原理和技术.北京:中国纺织出版社,2004
12. 吕学海,杨奇军.服装工业制板.北京:中国纺织出版社,2002
13. 焦佩林.服装平面制板.北京:高等教育出版社,2003
14. 王家馨,张静.服装制板实习.北京:高等教育出版社,2002
15. 彭立云.服装结构制图与工艺.南京:东南大学出版社,2005
16. 全国服装标准化技术委员会.服装标志及号型规格实用手册.北京:中国标准出版社,2005
17. 姚再生.服装制作工艺——成衣篇.北京:中国纺织出版社,2002
18. 朱秀英,杨雪梅.时装厂纸样师讲座(三)——服装纸样放码.北京:中国纺织出版社,2005
19. 魏雪晶.服装样板缩放技术(第2版).北京:中国轻工业出版社,2002

后 记

本书在编写中针对高等职业教育这一教育层次的需要,力求理论联系实际,注重实用,每种类型的服装都配有服装结构制图、工业制板、推板及服装工艺说明等,力求教材内容与服装制板职业资格证书考核要求相接轨。本书案例都经过精心挑选,各具代表性,突出应用和职业技能的训练是本书的特点。

全书各章节的编写分工如下:第1章、第2章、第3章及第4章的第1、7节由南通纺织职业技术学院彭立云编写;第4章的第2节由辽东学院朴江玉编写;第4章的第3、4、5节由南通纺织职业技术学院王军编写;第4章的第6节由南通纺织职业技术学院周忠美编写;第5章由盐城纺织职业技术学院陈洁编写;第6章由威海职业技术学院徐春景编写。全书由彭立云统稿。

在编写过程中,我们参考和借鉴了国内外众多专家和学者的著述或研究成果,在此表示深深的谢忱!

本书的出版,应感谢南通纺织职业技术学院各级领导的关心和支持。

服装工业制板与推板的理论和实践内容十分丰富,而且发展十分迅速,本教材未能尽收其中,而且必定存在取舍不当之处,加之时间仓促、编者水平有限,书中难免存在错误和疏漏,恳请各位读者批评指正。请将反馈意见发至 plycn@nttec.edu.cn.。

编 者
2006.5